国家示范性高等职业院校艺术设计专业精品教材

高职高专艺术设计类『十三五』规划教材

手绘效果图快速表现项目式教程

SHOUHUI XIAOGUOTU KUAISU BIAOXIAN XIANGMUSHI JIAOCHENG

主编　韩露枫　吴笛

華中科技大學出版社
http://www.hustp.com
中国·武汉

内 容 简 介

本书内容共分为四章。

第一章是手绘效果图快速表现的理论基础。这一章主要讲述了学习手绘效果图快速表现技法的重要性、艺术性及实际应用，介绍了相关工具的特点及使用技巧，对手绘效果图快速表现的学习方法和基础知识进行了详细讲解。

第二章和第三章，分别介绍了室内手绘效果图快速表现技法实训及室外手绘效果图快速表现技法实训。这两章主要围绕室内项目、室外项目展开，对手绘效果图的线描起稿、着色、完成、调整等整个步骤进行了详细描述，同时结合实际案例，讲解手绘效果图快速表现技法的应用。

第四章是手绘效果图快速表现实例赏析。

图书在版编目（CIP）数据

手绘效果图快速表现项目式教程 / 韩露枫，吴笛主编. — 武汉 : 华中科技大学出版社, 2014.6

ISBN 978-7-5680-0204-2

Ⅰ.①手…　Ⅱ.①韩…　②吴…　Ⅲ.①建筑画 – 绘画技法 – 高等职业教育 – 教材　Ⅳ.①TU204

中国版本图书馆 CIP 数据核字(2014)第 135856 号

手绘效果图快速表现项目式教程　　　　韩露枫　吴　笛　主编

策划编辑：曾　光　彭中军
责任编辑：华竞芳
封面设计：龙文装帧
责任校对：刘　竣
责任监印：张正林
出版发行：华中科技大学出版社（中国·武汉）
武昌喻家山　邮编：430074　电话：（027）81321915
录　　排：龙文装帧
印　　刷：武汉市金港彩印有限公司
开　　本：880 mm × 1230 mm　1/16
印　　张：9.25
字　　数：288 千字
版　　次：2014 年 10 月第 1 版第 1 次印刷
定　　价：49.00 元

华中出版

本书若有印装质量问题，请向出版社营销中心调换
全国免费服务热线：400-6679-118　竭诚为您服务

前言

在当下的信息时代，运用计算机绘制环境艺术设计效果图得到了快速的普及和发展。可以说，计算机效果图已经取代了过去手绘效果图的传统地位。由于计算机绘图在设计及设计教育领域的普及和推广，设计草图相对遭到冷落甚至忽视。目前，环境艺术设计专业的学生的徒手快速表现能力普遍下降，这也导致了方案设计水平的下降。从环境艺术设计师长远的发展来看，让学生掌握环境艺术设计快速表现技法在环境艺术设计的教学中显得十分重要。

本书是笔者结合多年室内设计手绘工作和快速表现技法的教学经验编写的，书中总结了快速表现技法的学习方法及提高方法，可帮助设计师及学习者快速掌握手绘技巧，并应用于设计工作或设计练习中。针对初学者，本书详细讲解了钢笔线描单线练习到单体起型、上色，乃至大型场景快速表现的详细步骤；针对提高者，本书提供了手绘实际案例、景观建筑表现、设计创意表达等专业领域的内容。本书图文并茂，可观摩也可作为创作借鉴之用。

本书由哈尔滨职业技术学院韩露枫、吴笛两位教师编写。其中，韩露枫编写了第二章室内手绘效果图快速表现技法实训，吴笛编写了第一章手绘效果图快速表现的理论基础、第三章室外手绘效果图快速表现技法实训以及第四章手绘效果图快速表现实例赏析。

在本书的编写过程中，编者得到了很多设计师的支持、帮助和指导，在此特别要感谢深圳市卓晟装饰设计有限公司和陈威设计师的大力支持。由于编写时间有限，书中难免有疏漏之处，真诚期待广大读者提出宝贵意见！

编　者

2014 年 4 月

目录

SHOUHUI XIAOGUOTU KUAISU BIAOXIAN XIANGMUSHI JIAOCHENG

第一章

手绘效果图快速表现的理论基础

SHOUHUI XIAOGUOTU KUAISU BIAOXIAN DE LILUN JICHU

第一节 手绘效果图概述

手绘效果图（见图 1-1、图 1-2）作为一种表现形式，不仅具备表达设计思想的功能，还具有很强的艺术感染力，使设计师能够在设计理性与艺术自由之间任意遨游。另外，在实际工作中，手绘效果图作为与业主、施工人员、同行沟通的手段，是最为便利与有效的。同时，在整个设计程序中，手绘效果图是最直接、最直白地表达设计师思想的方式，它对设计方案的不断推敲与完善也起着不可替代的作用。

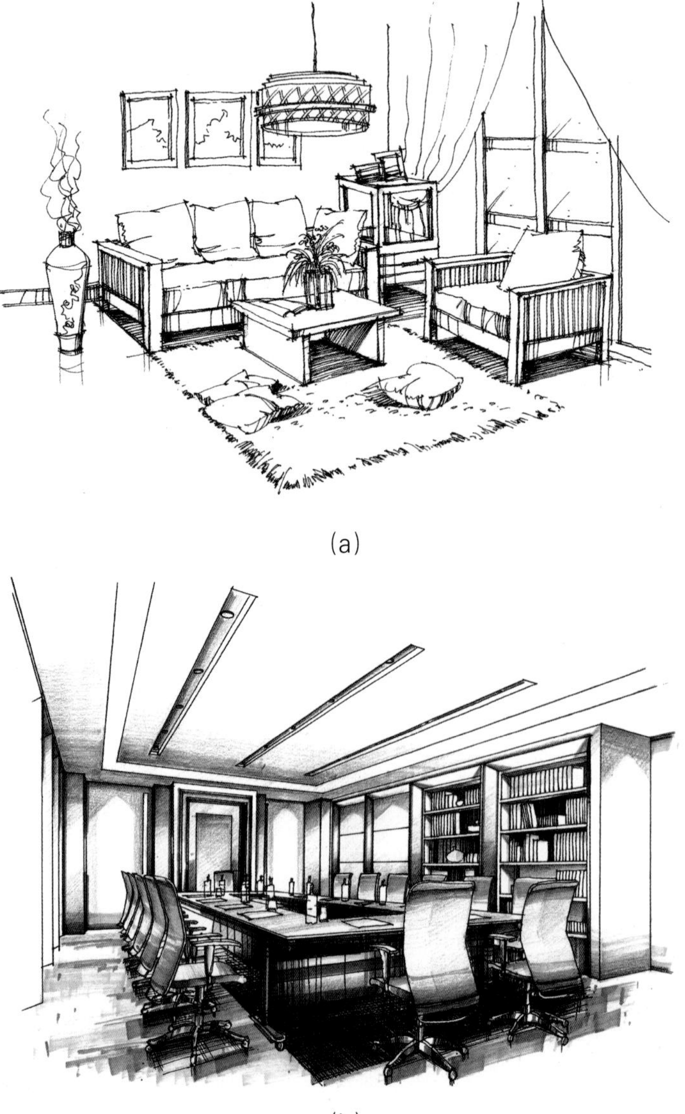

(a)

(b)

图 1-1　室内手绘效果图

图 1-2　室外手绘效果图

数字时代的到来，对手绘效果图提出了新的要求。要求其不仅要表达准确，还要成图迅速，具体表现在由复杂的工具、精细的刻画向使用简便的工具、高效的表达转变，也就是说，由喷绘、水彩、水粉的长时间精致刻画向应用马克笔、彩色铅笔等工具迅速成图的转变。

手绘效果图，是从事建筑、室内、家具、园林、环艺、视觉传达及工业设计等专业学习的学生一门重要的专业必修课程。手绘效果图主要培养大家在较短的时间内运用手绘方式表达出设计意图的能力。在此基础上，掌握设计的造型能力和表现技能，为将来从事室内设计师、产品造型设计师、园林设计师、设计师助理等相关工作奠定良好的基础。它对于设计师的重要性，可以借用《美国建筑》这本书中的一句话来概括："建筑绘画表现图是发展思维和记录思想火花的主要工具。无论你用哪种笔来画：铅笔、毛笔或毡笔，建筑师们都可以通过这个过程，使其思路逐渐清晰和集中。一个想法被接受与否，在很大程度上取决于建筑师有效地绘制草图的能力。"

手绘效果图是设计师用来表达设计意图、传达设计理念的手段。在室内外装饰设计过程中，手绘效果图既是一种设计语言，又是设计的组成部分，是"从意到图"的设计构思与设计实践的升华。手绘效果图包括室内外速写，空间形态的概念图解，室内空间的平面图、立面图、剖面图，空间发展意向的透视图等。

第二节　手绘效果图快速表现的学习目的及发展趋势

一、手绘效果图快速表现的学习目的

手绘的目的是设计，手绘效果图表现技法是当代设计师尤其是艺术设计师所必须掌握并且熟练运用的一种手段，它以自身的无穷魅力为设计的大空间提供无限的精彩与可能。因此，在高职教育和设计实践过程中，必须加大对学生和在职设计师手绘能力的培养，让很多设计师在设计的道路上不再迷惘、徘徊，使手绘表现和电脑绘图两者相辅相成，使设计手段更加完善，树立正确对待手绘在设计中的重要性的观念。

二、手绘效果图快速表现的发展趋势

环境艺术设计手绘效果图快速表现，作为环境艺术设计专业的基础，是设计师对设计意图进行艺术构思与表现的第一步，是最直观的图形语言，是用以反映、交流、传递设计创意的符号载体，具有自由、快速、概括的特点。目前，国内进行竞标的设计方案或展览的设计作品大多是计算机绘制的精美效果图，设计师为此亲笔绘制的意念图、构思草图、完善草图等设计概念产生和发展的推导过程往往被忽视了，但正是这些最原始的思考性质的文件才是真正的设计思维的体现。

手绘效果图快速表现是环境艺术设计专业的一门必修专业基础课。这门基础课对学生掌握基本的设计表现技法、理解设计、深化设计、提高设计能力有重要的作用。效果图是设计师与非专业人员沟通的最好媒介，对决策起到一定的作用，因此，长期以来受到相关设计界与教育界的重视，它是设计师艺术地、完整地表达设计思想的最直接有效的方法，也是判断设计师水准最直接的依据。近些年来，随着现代科技的发展，运用电脑制作效果图的手段越来越多，但从艺术效果上看，远远不如手绘效果图生动。因此，在理论方面，要注意手绘效果图的学习，要使学生明确手绘效果图技法课程的相关知识；在实践方面，要施以切合实际的教学方法，要不仅对学生掌握手绘效果图技法具有促进作用，而且对学生在今后的设计创作实践中不断增强完善设计方案的能力具有十分重要的意义。

第三节 手绘效果图快速表现的学习方法

一、临摹

临摹是提高手绘效果图快速表现技能的有效方法。优秀的设计师作品、优秀的效果图，其制作的目的是感悟空间、加深对空间的印象，可通过这些效果图来学习手绘效果图的表现技巧，提高绘图时的表达能力。新手一般都需要临摹一些优秀的手绘作品，很多优秀的设计师也是从这一步开始的。通过临摹掌握手绘的一些基础知识，并快速地提升手绘技能，总结自己对手绘的理解，从而形成自己的手绘表达方式。“临”和“摹”的区别在于：“临”是完全地按照已有的画面去表现；“摹”是描画，先理解再去表现，这样手绘出来的画面更加生动。通过临摹来提高手绘效果图快速表现技能的最好的方法是写生实景照片或图片（见图 1-3）。

(a)室内实景照片

图 1-3　室内实景照片及其手绘效果图

（b）室内实景照片手绘效果图

续图 1–3

二、创作

经过一段时间临摹的积累，在对手绘效果图快速表现的方法已经有了一定的了解的基础上，可以进行方案的设计和手绘效果图的创作（见图 1–4）。这个过程的创作相对来说有一定的难度，需要把前面临摹积累的素材和掌握的技法进行综合应用。

图 1–4　手绘效果图的创作

三、应用

手绘效果图快速表现作为设计师专业技能的体现，在工作中可以借助其更好地与客户沟通。经过前面的学习，学习手绘效果图快速表现的最后一个阶段也是最重要的一个阶段就是把手绘应用到工作中，用手绘的形式让客户了解你的设计方案及空间效果。

手绘的设计方案实例如图 1–5 所示。

图 1-5　手绘室内设计方案实例

第四节 手绘效果图快速表现的设计要点

一、风格

不同的工具和不同的技法表现的感觉是不相同的，根据设计内容的侧重点选择最恰当的表现工具和技法，这样有利于突出效果图的主题。

二、构图

根据设计内容所呈现的特点和所要表达的特色，在表现时选择有力的构图方式，可以从视觉效果上体现平稳或动感、和谐或冲突、秩序或纷杂、柔和或刚硬等各种感受。

三、笔法与笔触

无论是钢笔线描还是画笔着色，都有不同的笔触的运用，是刚硬还是柔和，是疏还是密，力度是轻还是重，都会使画面产生节奏和韵律的变化，以及风格特征的变化。

四、色彩

不同的色相、纯度、明度，不同的冷暖倾向，不同的对比与色调的关系处理等都会影响整个画面的表达，选择何种色调要根据设计的内涵而定。

五、元素

效果图表现的是空间，画面里元素的取舍与分布都会影响画面表现的效果。元素丰富，画面饱满，则气氛浓烈；元素精简，画面充实，则主体突出。在绘制过程中应花一定的精力反复推敲主体细节的表现程度、配景的搭配乃至数量的问题，这些都不能忽视，这些都会通过画面反映出设计者的表现意图。

第五节 手绘效果图快速表现的常用工具及其使用方法

一、手绘效果图快速表现的常用纸张

1. 素描纸

素描纸（见图 1–6）纸质较好，表面略粗，易画铅笔线，耐擦，稍吸水，宜做较深入的素描练习和彩铅笔表现图。

图 1–6 素描纸

2. 白色绘图纸

白色绘图纸（见图 1–7）纸质较厚，表面光滑，结实耐擦。用于钢笔线描及马克笔、彩色铅笔作画。色彩叠加时层次丰富。可以用刀片局部刮除、修改画错的线条。

图 1–7 白色绘图纸

3. 打印纸

打印纸（见图 1-8）纸质光滑，吸水性差，利于色彩叠加。打印纸采用国际标准，以 A0、A1、A2、B1、B2、A4、B5 等标记来表示纸张的幅面规格。打印纸的优点在于它的价格低廉和携带方便，既可以直接置于桌上绘画，也可以用画夹夹住，随时随地即兴绘画。

图 1-8 打印纸

打印纸有一定的吸水性能，可以用于铅笔、钢笔、针管笔、彩色铅笔、马克笔等的绘制，用马克笔绘制时，要选择较厚的打印纸，并在纸下垫纸板，以防渗透纸面。

二、手绘效果图快速表现的常用绘图笔

1. 铅笔

铅笔（见图 1-9）是制图中用得最多的工具，易表现和修改，可以削出不同的形状，以达到预期的效果。

图 1-9 绘图铅笔

铅笔铅芯的硬度标志，一般用 "H" 表示硬质铅笔，"B" 表示软质铅笔，"HB" 表示软硬适中的铅笔，"F" 表示硬度在 HB 和 H 之间的铅笔。

铅笔分为 9B、8B、7B、6B、5B、4B、3B、2B、B、HB、F、H、2H、3H、4H、5H、6H、7H、8H、9H、10H 等硬度等级。

"H" 是英文 "hard" （硬）的首字母，表示铅芯的硬度，它前面的数字越大，表示铅芯越硬，颜色越淡。"B" 是英文 "black" （黑）的首字母，代表石墨的成分，表示铅笔芯质软的情况和颜色的明显程度，它前面的数字越大，表明铅芯颜色越浓、越黑。

H 类铅笔笔芯硬度相对较高，适用于界面相对较硬或明确的物体，比如木工划线、野外绘图等；HB 类铅笔笔芯硬度适中，适合一般情况下的书写，或打轮廓用；B 类铅笔笔芯相对较软，适合绘画，也可用于填涂一些机器可识别的卡片，比如，人们常使用 2B 铅笔来填涂答题卡。另外，常见的还有彩色铅笔，主要用于画画。

自动铅笔（见图 1–10），即不用卷削，能自动或半自动出芯的铅笔。自动铅笔按铅笔芯直径大小分为粗芯（大于 0.9 mm）和细芯（小于 0.9 mm）。

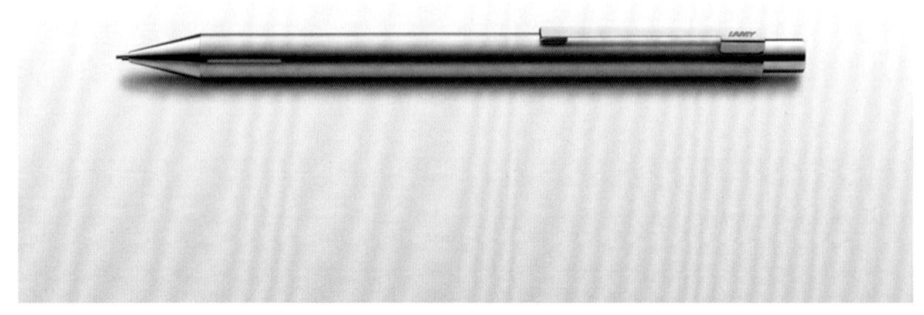

图 1–10　自动铅笔

2. 勾线笔

美工钢笔：笔头弯曲，可画粗细不同的线条，书写流畅，运用于勾画快速草图或方案。

金属针管笔（见图 1–11）：笔尖较细，线条细而有力，有金属质感和力度，适用于精细手绘图。在设计绘图中至少要备有细、中、粗三种不同粗细的针管笔。

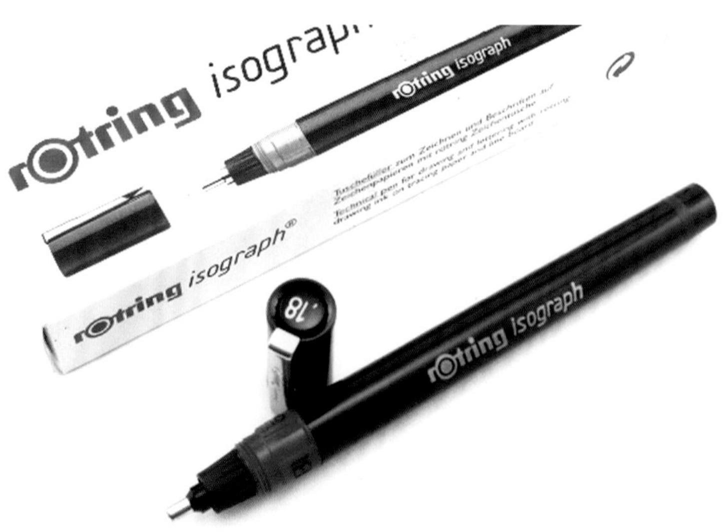

图 1–11　金属针管笔

针管笔使用方法如下。

（1）绘制线条时，针管笔笔身应尽量保持与纸面垂直，以保证画出粗细均匀一致的线条。

（2）针管笔作图顺序应依照先上后下、先左后右、先曲后直、先细后粗的原则，运笔速度及用力应均匀、平稳。

⑶用较粗的针管笔作图时，落笔及收笔均不应有停顿。

⑷针管笔除用来作直线段外，还可以借助圆规的附件和圆规连接起来作圆周线或圆弧线。

⑸平时应正确使用和保养针管笔，以保证针管笔有良好的工作状态及较长的使用寿命。针管笔在不使用时应随时套上笔帽，以免针尖墨水干结，并应定时清洗针管笔，以保持用笔流畅。

3. 快写针笔

快写针笔（见图 1–12）又称草图笔，油性防水笔头，有弹性，画出的线条细而柔软，运用于快速方案草图。笔尖端处是尼龙棒而不是钢针，晃动里面没有重锤作响。使用的时候要注意，不能太用力，否则笔尖会压到笔管里，导致笔不能再使用。

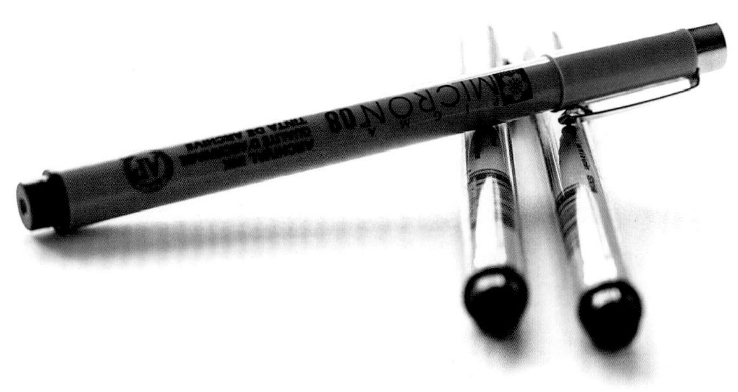

(a)

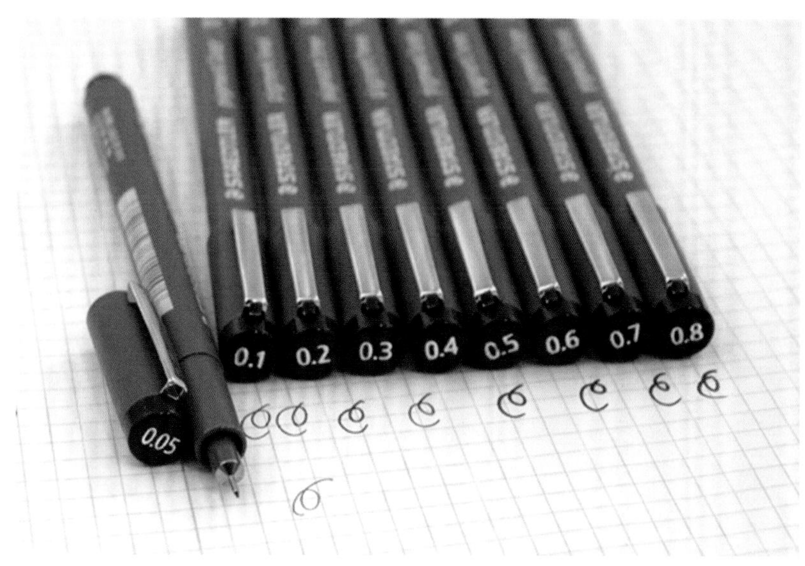

(b)

图 1–12　快写针笔

三、手绘效果图快速表现的常用着色工具

1. 彩色铅笔

彩色铅笔（简称彩铅）是一种非常容易掌握的涂色工具，类似于铅笔。颜色多种多样，画出来的效果较淡，清新简单，色彩丰富，笔质细腻，大多可以用橡皮擦去。彩色铅笔有干性彩铅、油性彩铅、水性彩铅。干性彩铅和油性彩铅是不溶性（不能溶于水）彩色铅笔，水性彩铅是可溶性（可溶于水）彩色铅笔（见图 1-13）。

图 1-13 水溶性彩色铅笔

（1）不溶性彩色铅笔，可分为干性彩铅和油性彩铅。通常在市面上买到的大部分都是不溶性彩色铅笔。

（2）可溶性彩色铅笔，又叫水溶性彩色铅笔，在没有蘸水前和不溶性彩色铅笔的效果几乎一样，铅质效果更加细腻，在蘸上水之后会变成像水彩一样，颜色非常鲜艳亮丽，十分漂亮，而且色彩很柔和。

彩色铅笔在手绘表现图中可以用于独立作画，也可作为综合技法绘画的辅助工具，如马克笔与彩色铅笔相结合使用作画。

2. 马克笔

马克笔又称麦克笔，色彩丰富，笔触明显，速干。通常用来快速表达设计构思以及设计效果图。马克笔有单头和双头之分，双头马克笔其中一侧为细头，可画细线，另一侧笔头扁平，可画粗线，能迅速地表达效果，是当前最主要的绘图工具之一。马克笔分为水性马克笔、油性马克笔、酒精性马克笔。

（1）水性马克笔，特点是颜色亮丽而有透明感，但多次叠加颜色后会变灰，而且容易损伤纸面 。另外，用沾水的笔在水性马克笔所画的颜色上面涂抹的话，效果与水彩很类似，有些水性马克笔画的图干后会耐水。

（2）油性马克笔（见图 1-14），特点是快干、耐水，而且耐光性相当好，柔和，颜色多次叠加不会伤纸。

（3）酒精性马克笔（见图 1-15），特点是可在任何光滑表面书写，速干、防水、环保，可用于绘图、书写、记号、POP 广告等。

马克笔在手绘表现图中常用于快速表现技法绘画中，设计初稿中经常使用。马克笔不适合细腻、写实的绘画，不能用在吸水性太强的纸张上。

图 1-14　油性马克笔

图 1-15　酒精性马克笔

四、手绘效果图快速表现的常用辅助工具

1. 丁字尺

丁字尺（见图 1-16），又称 T 形尺，为一端有横档的“丁”字形直尺，由互相垂直的尺头和尺身构成，一般采用透明有机玻璃制作，常在工程设计上绘制图纸时配合绘图板使用。丁字尺为画水平线和配合三角板作图的工具，一般可直接用于画平行线或用作三角板的支承物来画与直尺呈各种角度的直线。一般有 600 mm、900 mm、1200 mm 三种规格。

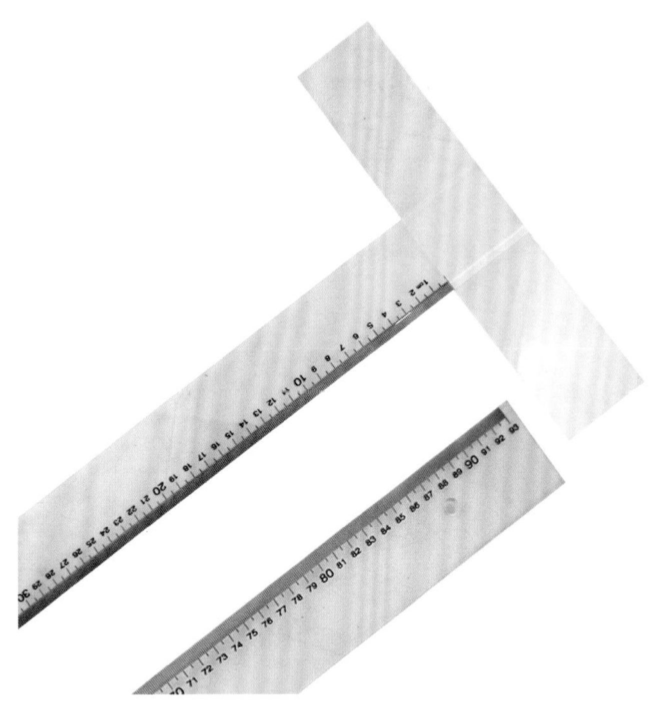

图 1-16　丁字尺

2. 三角板

三角板有两种：一种是等腰直角三角板（见图 1-17），另一种是特殊角的直角三角板。等腰直角三角板的两个锐角都是 45°，特殊角的直角三角板的锐角分别是 30° 和 60°。使用三角板可以方便地画出 15° 的整倍数的角，如 135°、120°、150° 的角。三角板可以与丁字尺配合使用。

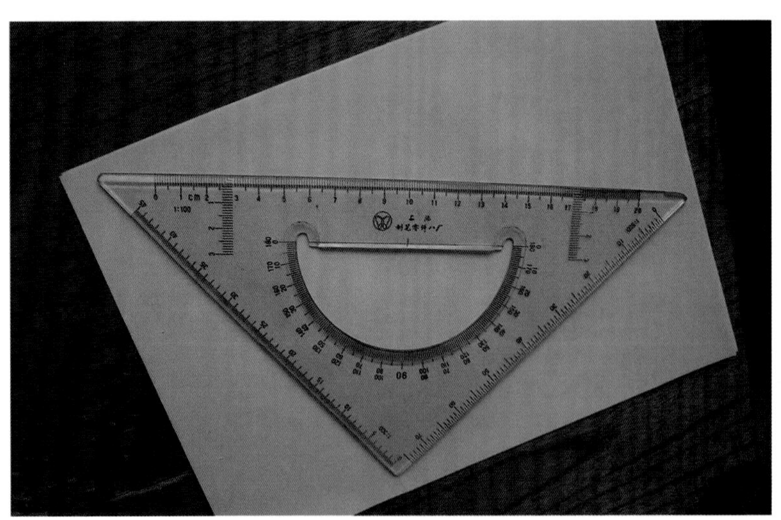

图 1-17　等腰直角三角板

3. 曲线板

曲线板（见图 1-18），又称云形尺，是一种内外均为曲线边缘，呈旋涡形的薄板。用来绘制曲率半径不同的非圆自由曲线。

图 1–18　曲线板

4. 美工刀、软橡皮、胶带纸、修正液

手绘快速表现图的其他辅助工具还有美工刀（见图 1–19）、软橡皮、胶带纸、修正液（见图 1–20）等。白色修正液还可用于绘图最后点高光的处理。

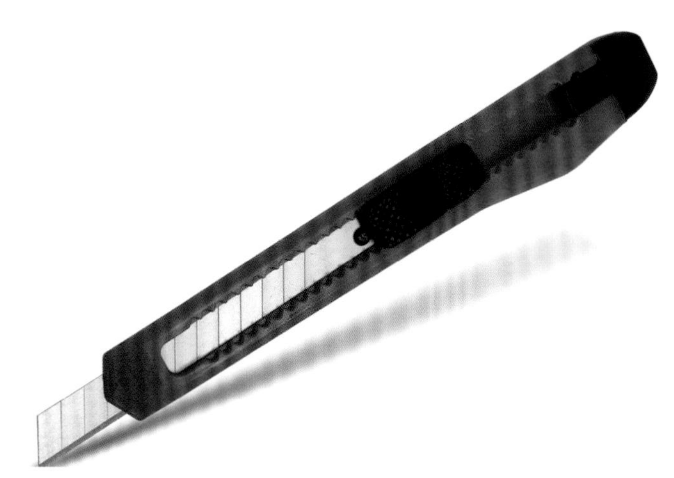

图 1–19　美工刀

图 1–20　修正液

第二章

室内手绘效果图快速表现技法实训

SHINEI SHOUHUI XIAOGUOTU KUAISU BIAOXIAN JIFA SHIXUN

第一节 室内手绘效果图快速表现技法实训之钢笔线描技法表现

任务一 钢笔线描线型训练

一、任务训练目的

通过学习钢笔线描技法，掌握手绘快速表现的钢笔线描的基本技法，了解单个线条的绘制、线条造型的绘制方法，掌握钢笔线描技法的特点，灵活运用钢笔线描技法。

二、任务内容

(一)钢笔线描技法

钢笔线描技法用铅笔起稿，最终用钢笔或针管笔勾线表现空间画面效果，此外，还有一种方法是直接用钢笔或针管笔绘制。钢笔线描技法通常用作草图表现。

使用钢笔、针管笔作画时，尽可能选择质地较为细腻的纸张，针管笔的型号可根据所要表现的内容和图幅尺度的要求进行选择。采用辅助工具绘制的针管笔效果图，具有规整、挺拔、干净、利落等特点，而徒手表现则有流畅、活泼、生动的效果。钢笔线描手绘图如图 2-1 所示。

(a)

图 2-1 钢笔线描手绘图

(b)

续图 2-1

(二)线条的表现

线条的表现如图 2-2 所示。线条是手绘表现的基本语言。

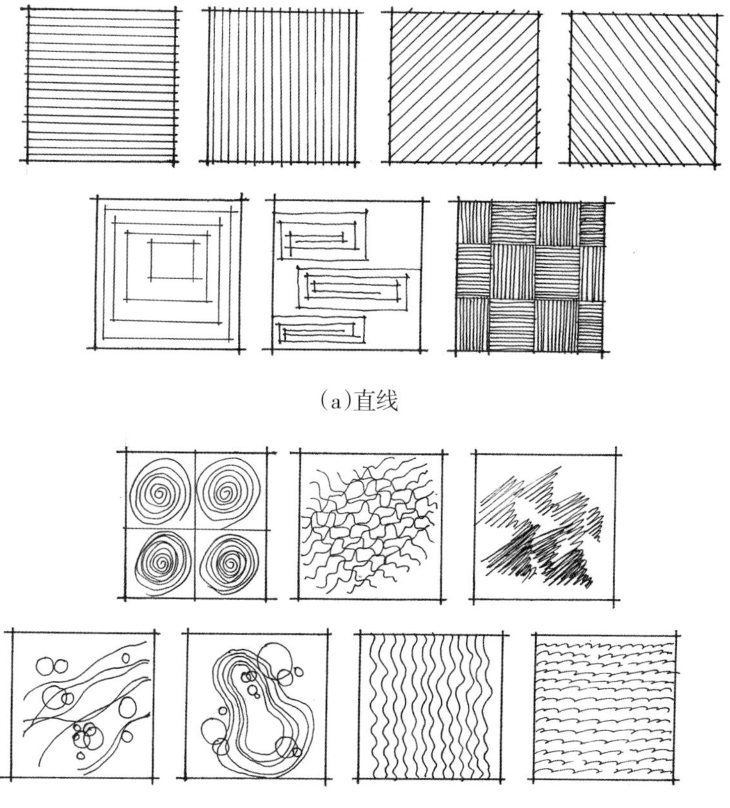

(a)直线

(b)曲线和圆形线条

图 2-2 线条的表现

线的练习是学习手绘快速表现技法不可忽视的步骤，也是造型艺术中最重要的元素之一，简单的线条可以表现出设计师的手绘功底及艺术修养。手绘快速表现技法注重线的灵动性和美感，线条要有虚实、快慢、轻重、曲直等的变化，要把线条画出生命力、灵动性需要大量的练习。

三、任务流程

(1) 准备好绘图工具，比如打印纸、白色绘图纸、铅笔、钢笔和针管笔等。

(2) 钢笔线描单线练习。

四、任务外延

手绘效果图中会使用到直线、曲线。画直线要注意：第一，画线时下笔要有力度；第二，线应该有虚实、轻重的变化；第三，线要有起点和落点，给人一种富有生命力的感觉。手绘线条表现如图 2–3 所示。

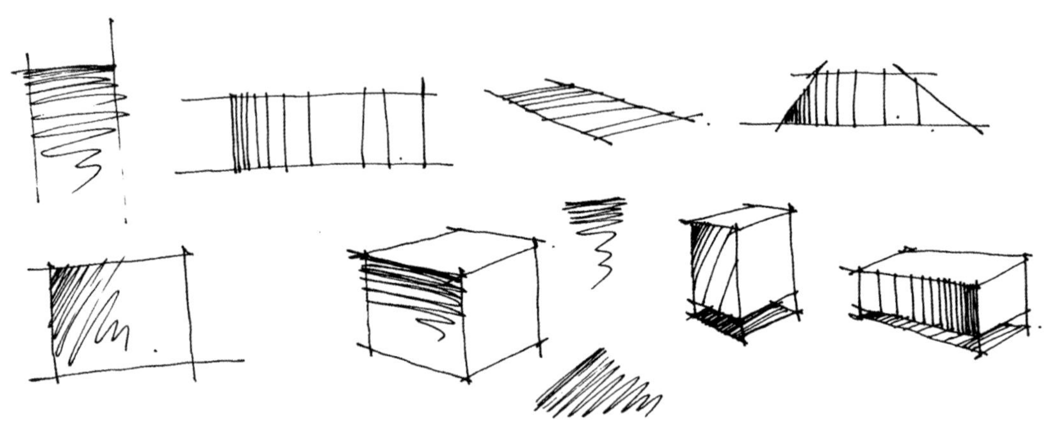

图 2–3　手绘线条表现

任务二　钢笔线描单体陈设及组合陈设的绘制

一、任务训练目的

通过大量钢笔线描线条的练习，掌握手绘快速表现的钢笔线描的基本绘制要领，主要训练单体陈设的绘制，强调运用多种线条塑造不同形体。形体的结构及明暗关系要适当加强表现。

二、任务内容

(一)形体表现

用钢笔线描线条绘制表现形体，首先要对各类形体进行几何体分析，将复杂的形体拆分，用简练的几何形体去观察、了解和概括物体的基本形体，如图 2–4 所示。

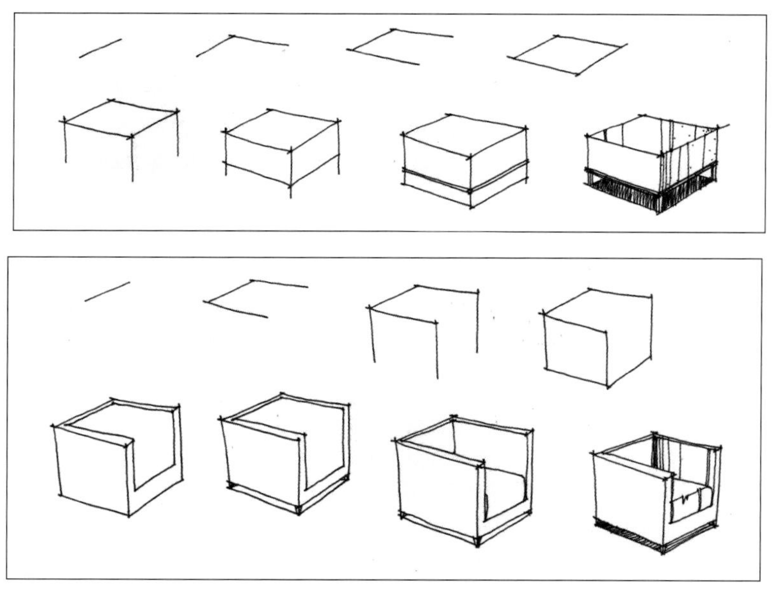

图 2-4　钢笔线描线条绘制表现形体

将复杂的形体几何化，如图 2-5 所示。

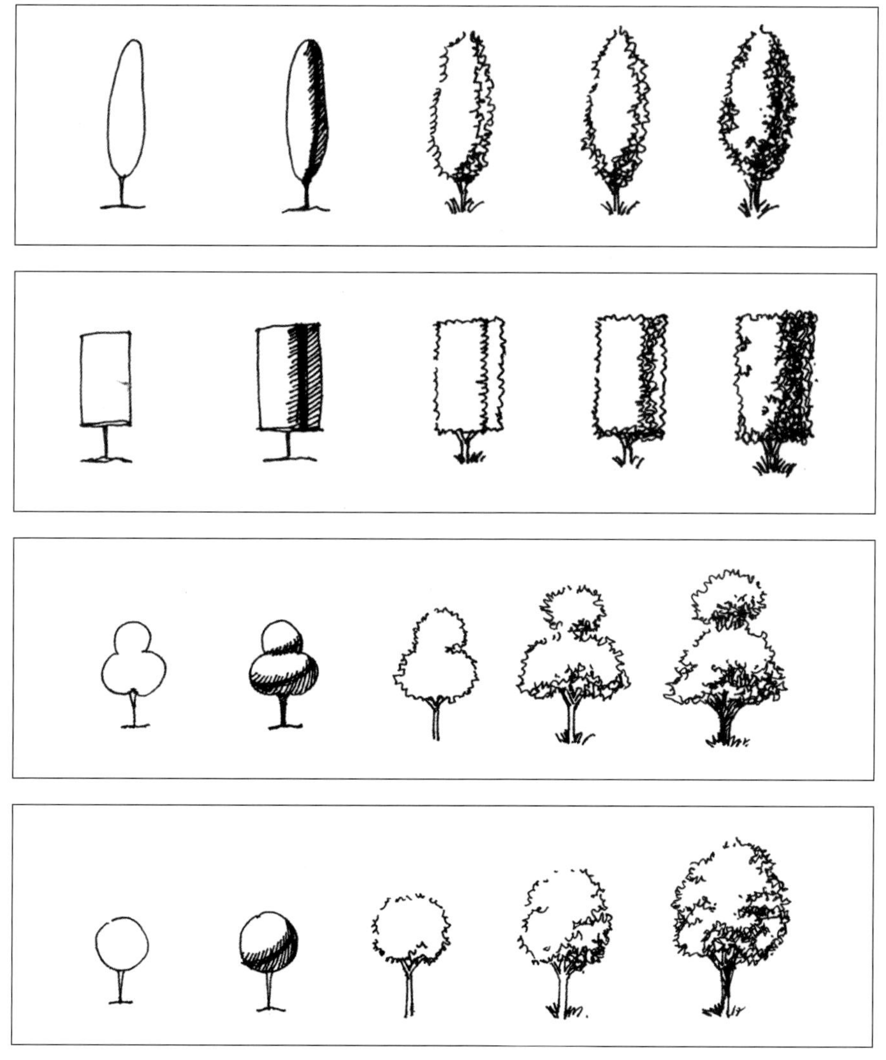

图 2-5　将复杂的形体几何化

简单概括物象效果，如图 2–6 所示。

图 2–6　简单概括物象效果

(二)线条的造型艺术

造型是空间设计的基础，是绘制手绘效果图的第一步。首先要运用透视规律来表现物体的结构，搭建空间框架，然后运用艺术性的手法表现明暗、色彩、质感，最终完成空间表现图，从而体现设计者的意图。在绘制造型过程中，重点在于透视的表现，单是以单线来表现立体感还不够充分，为了加强立体效果还必须用明暗关系来处理。在表现手绘效果图中，素描中的“三大面五大调”的运用可根据设计效果的需要进行概括和简化。在实际设计表现中，要根据效果图的不同用处，来选择复杂与概括的表现方法，以便更清楚地表达设计构想。

(三)单体陈设线条表现

室内陈设线条表现如图 2–7 所示。

(a)

(b)

图 2-7　室内陈设线条表现

(四)室内家具线条表现

室内家具线条表现如图 2-8 至图 2-17 所示。

图 2-8　室内家具线条表现(一)

图 2-9　室内家具线条表现(二)

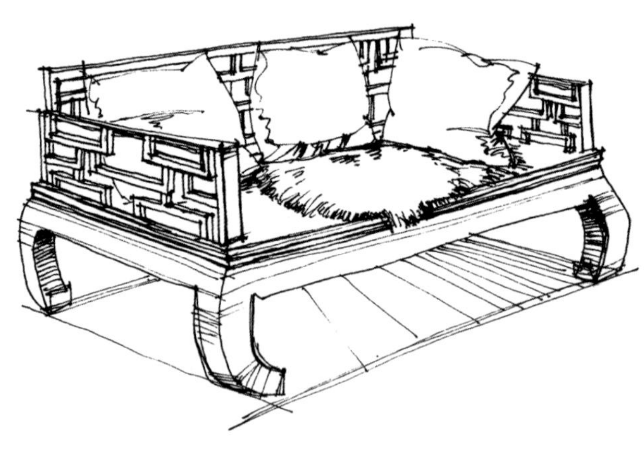

图 2-10　室内家具线条表现(三)

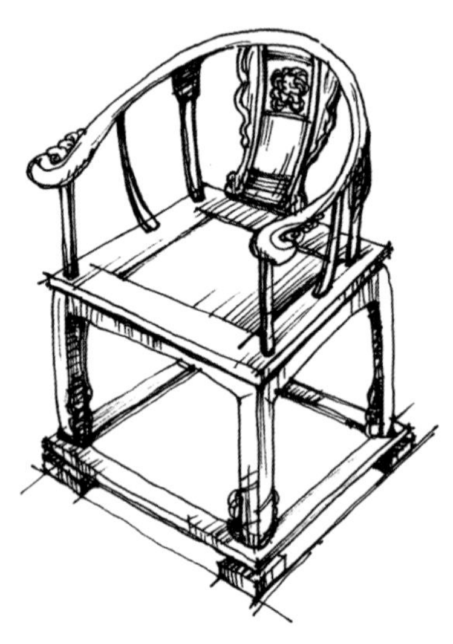

图 2-11　室内家具线条表现(四)

图 2-12　室内家具线条表现(五)

图 2-13　室内家具线条表现(六)

图 2-14　室内组合家具线条表现(一)

图 2-15　室内组合家具线条表现(二)

图 2-16　室内组合家具线条表现(三)

图 2-17　室内组合家具线条表现(四)

三、任务流程

(1) 准备好绘图工具（复印纸或白色绘图纸、铅笔、钢笔、针管笔等）。

(2) 钢笔线描绘制陈设品及家具。

四、任务外延

钢笔线描表现形体，无论是借助尺规还是徒手画线，首要前提是透视准确、结构合理，其次是注意明暗及体现材质的表达。

任务三　钢笔线描草图手绘表现

一、任务训练目的

主要训练钢笔线描草图的绘制。通过手绘快速表现的钢笔线描的基本技法的学习，灵活使用钢笔线描技法绘制室内空间效果、方案草图表现及室外局部场景表现。通常主要运用徒手绘制线条来表现手绘草图效果。室内线条草图手绘表现如图 2-18 所示。

二、任务内容

开始作图前，可以先用铅笔轻轻地勾画出物体的空间位置、大体概貌，然后用钢笔、针管笔准确地刻画。绘图时出现误笔不宜修改，绘图前要做好充分准备，落笔前要对画面整体的安排做到心中有数。

绘图时要准确地把握好透视和比例关系。

细心刻画，行笔要轻松，还要注意行笔的节奏、线条的开合，形体结构转折交接的线条要闭合，最后将每个

图 2-18 室内线条草图手绘表现

局部深入刻画，调整好画面的明暗关系，左右两侧虚化，突出主体的空间位置。

三、任务流程

（1）准备好绘图工具（复印纸或白色绘图纸、铅笔、钢笔、针管笔等）。

（2）钢笔线描快速绘制室内空间效果、方案草图表现及室外局部场景。

四、任务外延（手绘草图的应用）

室内设计流程一般可分为设计准备（谈单）、方案设计、施工图、施工验收等几个阶段，特别是在谈单、方案设计和施工图阶段都需要较强的手绘能力才可以比较好地完成工作。

在谈单阶段，先要量房，绘制房屋内部原始结构草图，为后面的方案设计做准备。方案设计步骤如下。

步骤 1：钢笔线描绘制平面布置图，如图 2-19 所示。

图 2-19 平面布置图手绘表现

步骤 2：在谈单过程中需要做平面布置的设计方案及一些立面造型（见图 2–20），手绘能较快速且直观地表达出想法及造型设计，能够很快利用草图把平面布置转化成空间，成为与客户沟通交流的语言。

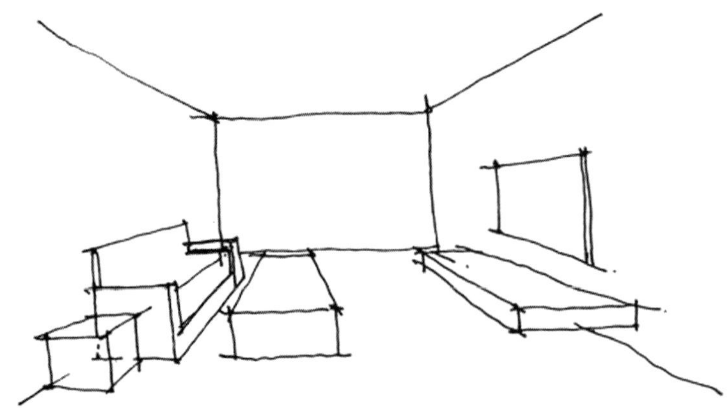

图 2–20　平面布置的设计方案及一些立面造型

步骤 3：进一步完善室内空间内容，如图 2–21 所示。

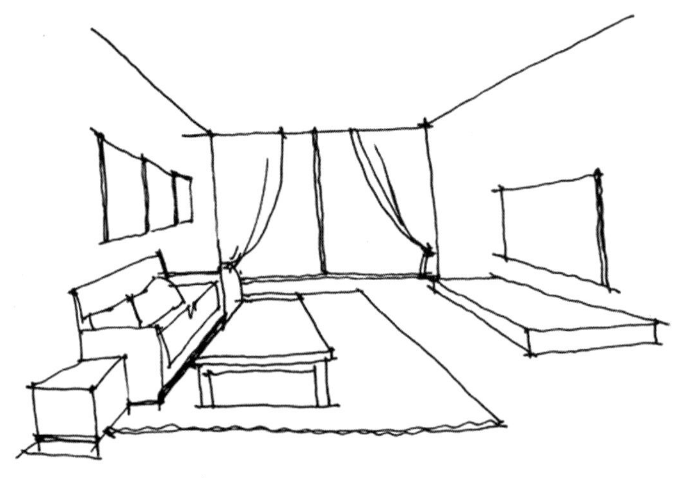

图 2–21　进一步完善室内空间内容

步骤 4：完善手绘稿，达到一个较接近真实的草图（见图 2–22）展示给客户，在制作施工图阶段，可以绘制较细致的平面图、剖面图、立面图来指导施工。

图 2–22　室内线条草图

第二节 室内手绘效果图快速表现技法实训之彩色铅笔技法表现

任务一　单体陈设彩铅手绘表现

一、任务训练目的

主要学习彩色铅笔技法表现，了解如何运用彩色铅笔上色来塑造形体的立体效果，掌握彩铅技法绘制单体陈设的特点，灵活使用彩铅技法表现不同材质的单体陈设。

二、任务内容

(一)彩色铅笔的特性

彩色铅笔是设计师较喜爱的一种着色工具。它携带方便，色彩丰富，附着力强，表现手段快捷、简便，非常适合快速设计草图的着色。彩色铅笔也可以通过精细的排列组合使色彩层次过渡细腻、自然，从而达到逼真的效果。

因为彩色铅笔笔头大小及其他特性的限制，所以作画时不要选择过大的画幅，一般选用 A3、A4 幅面较多，最大不要超过 A2。

(二)彩色铅笔的基础技法

彩色铅笔的绘制技法与铅笔画的绘制技法类似，都是运用排线的手法，表现物象的质感、体感和层次关系。

三、任务流程

(1) 准备好绘图工具（复印纸或白色绘图纸、钢笔、针管笔、彩色铅笔等)。

(2) 运用彩色铅笔绘制室内单体陈设品及家具。

四、任务外延

(1) 运用彩色铅笔绘制室内单体家具，如图 2-23 至图 2-27 所示。

图 2-23　单体家具彩铅手绘表现(一)

图2-24　单体家具彩铅手绘表现(二)

图 2-25　单体家具彩铅手绘表现(三)

图 2-26　单体家具彩铅手绘表现(四)

图 2-27　单体家具彩铅手绘表现(五)

（2）运用彩色铅笔绘制室内陈设，如图 2–28、图 2–29 所示。

图 2–28　室内陈设彩铅手绘表现(一)

图 2–29　室内陈设彩铅手绘表现(二)

（3）运用彩色铅笔绘制室内组合家具及陈设，如图 2–30、图 2–31 所示。

图 2–30 室内组合家具及陈设彩铅手绘表现(一)

图 2–31 室内组合家具及陈设彩铅手绘表现(二)

（4）彩色铅笔手绘表现的训练。运用彩色铅笔表现室内整体环境要先从单体家具（见图 2–32）或景物练习，注意物体的形体及它们之间的相互配合，以及用光影、明暗关系将它们相互之间有机地联系到一起。

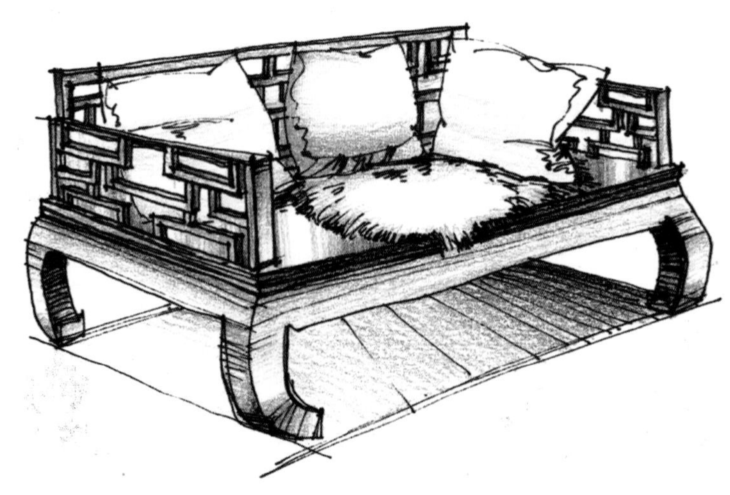

图 2–32 单体家具彩铅手绘表现的练习

五、色彩中的彩铅世界

色彩是体现设计理念、丰富画面的重要手段。一般效果图的色彩应力求简洁、概括、生动，减少色彩的复杂程度。用彩色铅笔表现效果图时，色彩层次细腻，易于表现丰富的空间轮廓，色块一般用密排的彩色铅笔线画出，利用色块的重叠，产生出更多的色彩。也可以笔的侧锋在纸面平涂，涂出的色块是由规律排列的色点组成的，这种方法不仅速度快，且有一种特殊的类似印刷的效果。彩色铅笔表现效果图通常选用水溶性彩色铅笔较好，其附着力较强。利用彩色铅笔表现效果图不仅可以表现色彩关系、物体明暗关系，还可以表现出不同材质的质感效果。要根据不同表面材质的特征使用相应的运笔方式，如有的表面肌理不显著，运笔可保持同一方向，涂色用笔要有速度，干净利落，而暗部涂色可采用有变化的笔触。

六、彩色铅笔绘制方法

彩色铅笔绘制方法有排线法、交叉排线法、点画法、混色法、渐变法、覆盖法、涂刷效果。

七、彩色铅笔排线练习时需要注意的事项

彩色铅笔排线练习时需要注意的事项具体如下。

(1) 避免太多的平行线。

(2) 避免排线与排线之间等距。

(3) 避免排线呈放射状。

(4) 避免排线呈十字交叉。

(5) 排线要顶边。

(6) 注意排线的方向。

八、室内效果图彩铅手绘表现之赏析

室内效果图彩铅手绘表现之赏析如图 2-33 所示。

图 2-33 室内效果图彩铅手绘表现之赏析

任务二　居住空间彩铅手绘表现

一、任务训练目的

主要运用彩色铅笔技法表现居住空间效果图，效果图画面的明暗关系、物体在空间中的前后关系要明确，通过居住空间彩铅技法的演示，了解居住空间的绘制及局部陈设的绘制，强调室内居住空间各物体之间的材质对比。

二、任务内容

(一)彩色铅笔绘制居住空间的表现手法

运用彩色铅笔绘制居住空间，主要是通过对线条的排列、叠加、疏密、曲直、粗细等组合来产生不同的表现效果。

(二)线条的表现力

(1) 实物外部的线条：物体的轮廓线。

(2) 实物内部的线条：象征物体内部的结构及材质表现。

(3) 线条的疏密程度：代表物体的明暗程度。

(4) 运线注意问题：①力度（起笔、收笔力度较大，中间力度较轻，这样的线有力度和飘逸感）；②变化（有韵律和节奏，抑扬顿挫，表现出一定的质感和光感）。

(三)彩色铅笔线条的绘画技巧

(1) 尽量少用擦除工具。彩色铅笔所画出的颜色虽然易于擦除，但擦多了会使画面有软弱无力之感，且显得比较脏。

(2) 用短线条来加强所画物体的轮廓。

(3) 为了画出某个物体的清晰轮廓，可以用便利贴粘贴在所画物体轮廓边缘的纸张上，适当遮挡来进行绘制。

(4) 彩色铅笔上色一般是从最浅的颜色开始，然后逐渐过渡到深色，或者可以由一种能够表现明暗关系的颜色起稿，然后在其单色稿上面逐层绘制物体的固有色。

三、任务流程

(1) 准备好绘图工具（白色绘图纸、铅笔、钢笔、针管笔等）。

(2) 钢笔线描勾勒居住空间框架，由浅入深地进行彩色铅笔上色，最后，局部—整体—局部进行画面调整。

四、任务外延

(一)绘制步骤

步骤 1：先用钢笔或针管笔画出空间轮廓（见图 2-34），初学者可先用铅笔起稿，然后用钢笔或针管笔仔细刻画，绘画线稿时要准确地把握好透视和比例关系。

图 2-34　室内效果图彩铅手绘步骤 1

步骤 2：在钢笔或针管笔线稿基础上，由浅入深对物体进行塑造（见图 2-35），上色时不要用力过重，避免出现笔芯断裂和画面出现条纹。

图 2-35　室内效果图彩铅手绘步骤 2

步骤 3：根据所画空间物体的色相、明暗深入刻画，注意画面颜色不要太满，如图 2-36 所示，要留白，使画面有透气感，同时要把握好色彩间的协调与统一。

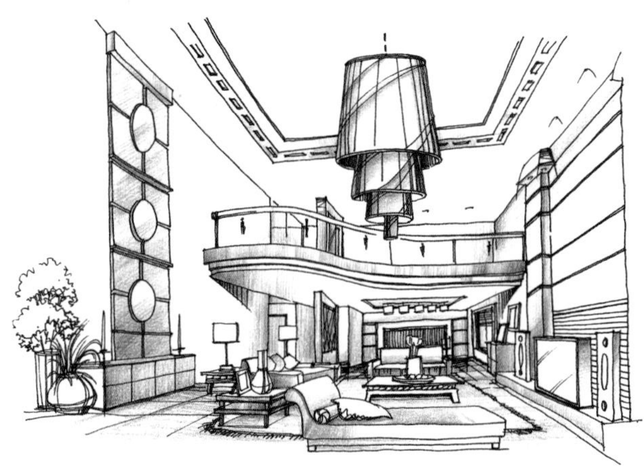

图 2-36　室内效果图彩铅手绘步骤 3

步骤 4：通过彩色铅笔将物体空间材料质感表现出来，把握画面的虚实变化、主次关系和冷暖对比，如图 2-37 所示。

图 2-37　室内效果图彩铅手绘步骤 4

步骤 5：深入调整，把握好画面整体的色彩关系，达到画面的和谐与统一，如图 2-38 所示。

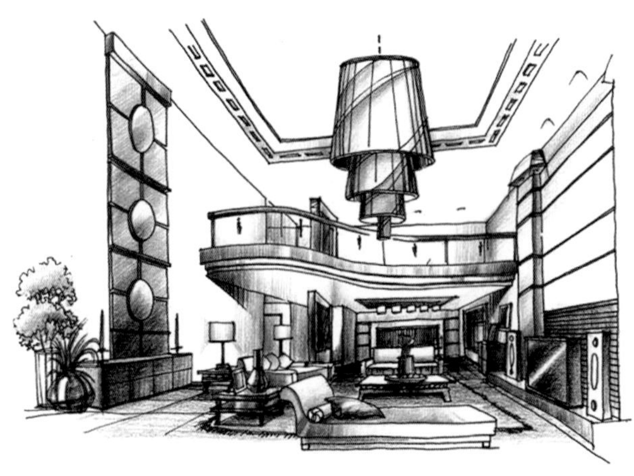

图 2-38　室内效果图彩铅手绘步骤 5

步骤 6：效果图最后进行整体—局部—整体调整，修饰，点高光处理，如图 2-39 所示。

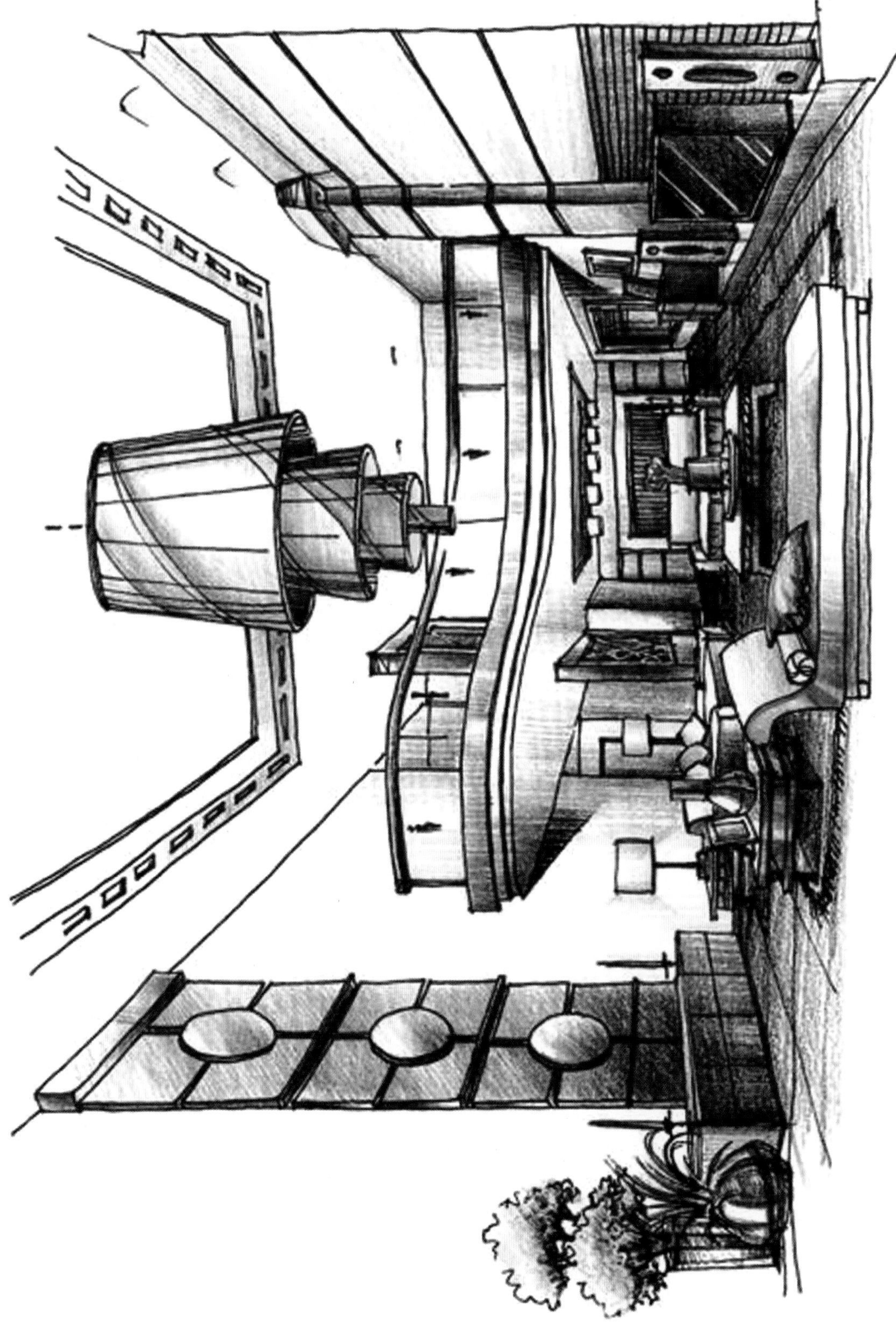

图 2-39　室内效果图彩铅手绘步骤 6

(二)案例步骤详解

步骤 1：先用钢笔或针管笔画出空间轮廓，如图 2–40 所示。

图 2–40　室内效果图彩铅手绘案例步骤 1

步骤 2：在钢笔或针管笔线稿基础上，由浅入深对物体进行刻画，如图 2–41 所示。

图 2–41　室内效果图彩铅手绘案例步骤 2

步骤 3：根据所画空间物体的色相、明暗深入刻画，如图 2–42 所示。

图 2–42　室内效果图彩铅手绘案例步骤 3

步骤 4：通过彩色铅笔将物体空间材料质感表现出来，如图 2–43 所示。

图 2–43　室内效果图彩铅手绘案例步骤 4

步骤 5：对效果图进行最后的整体—局部—整体调整，如图 2–44 所示。

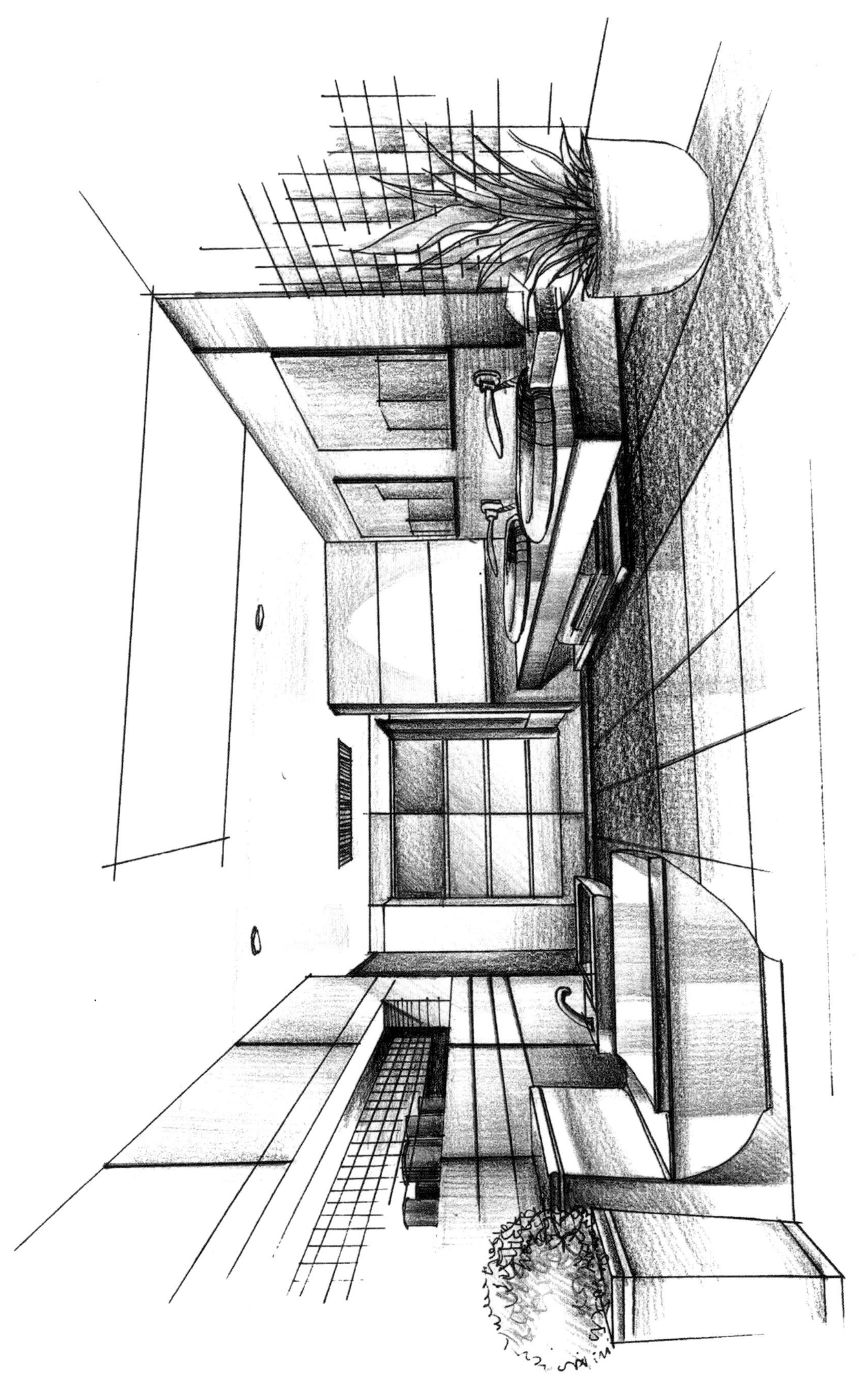

图 2-44　室内彩铅手绘效果图步骤 5

(三)项目案例一

项目案例一：A 样板房的彩铅手绘效果图如图 2-45 至图 2-48 所示，其实景照片如图 2-49 所示。

图 2-45　项目案例一彩铅手绘效果图步骤 1

图 2-46　项目案例一彩铅手绘效果图步骤 2

图 2-47　项目案例一彩铅手绘效果图步骤 3

图 2-48　项目案例一彩铅手绘效果图步骤 4

图 2-49　项目案例一之实景照片

（四）项目案例二

项目案例二：B 样板房的室内彩铅手绘效果图如图 2-50、图 2-51 所示。

图 2-50 项目案例二彩铅手绘效果图(一)

图 2-51　项目案例二彩铅手绘效果图(二)

任务三　办公空间彩铅手绘表现

一、任务训练目的

学会运用彩色铅笔绘画技巧绘制办公空间效果图（见图 2–52），通过办公空间彩铅技法的案例，了解办公空间的绘制，注意办公空间色彩运用的特点，注意画面的明暗关系、物体在空间中的透视关系要准确。

图 2–52　办公空间彩铅手绘效果图

二、任务内容

彩色铅笔绘制办公空间的绘画技巧具体如下。

（1）办公空间是工作的地方，在材质表现上，办公空间会有较多的不锈钢和玻璃材质。

（2）多使用一些沉稳安静的颜色，简单搭配，整体多使用偏冷色或偏灰色的色调。

（3）手绘办公空间时，线的使用与手绘居住空间时较为一致，简洁概括即可。

（4）在颜色区分上多做一些工作，可通过添加植物区来丰富空间的整体色彩。

三、任务流程

（1）准备好绘图工具（白色绘图纸、铅笔、钢笔、针管笔等）。

（2）初学者可先用铅笔起稿，再用钢笔线描勾勒办公空间框架，接着运用彩色铅笔由浅入深刻画，最后调整画面色彩关系，完成效果图。

四、任务外延

（一）绘制步骤

步骤 1：钢笔线描起稿，如图 2–53 所示。

图 2-53　办公空间彩铅手绘表现步骤 1

步骤 2：彩色铅笔着色，如图 2-54 所示。

图 2-54　办公空间彩铅手绘表现步骤 2

步骤 3：深入刻画，对空间物体的固有色进行着色，如图 2-55 所示。

图 2-55　办公空间彩铅手绘表现步骤 3

步骤 4：对效果图进行最后的整体—局部—整体调整，如图 2-56 所示。

(二)办公空间彩铅手绘效果图赏析

办公空间彩铅手绘效果图赏析，如图 2-57、图 2-58 所示。

(三)项目案例

项目案例：某样板房的办公空间彩铅手绘效果图如图 2-59 所示，其实景照片如图 2-60 所示。

图 2-56　办公空间彩铅手绘表现步骤 4

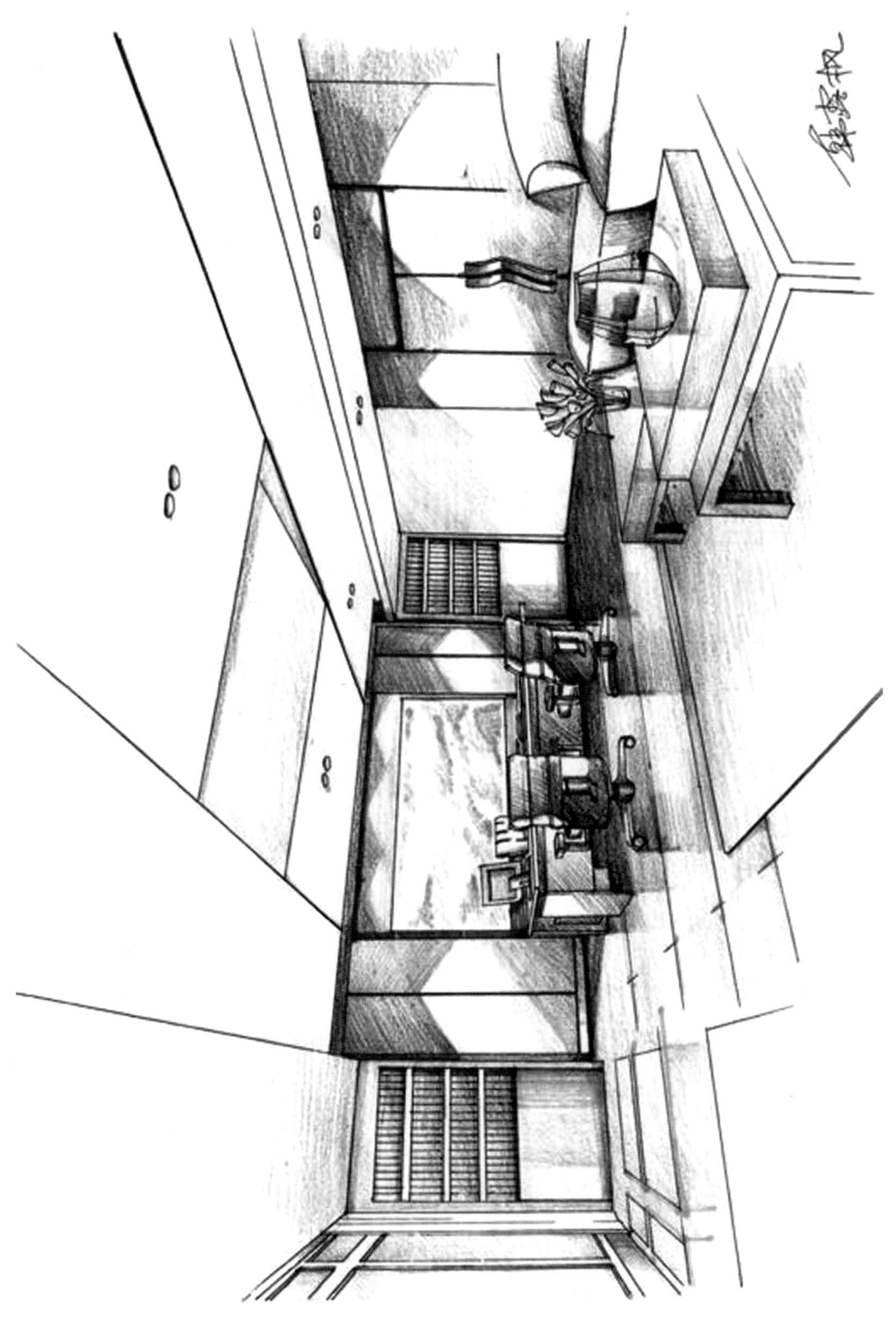

图 2-57　办公空间彩铅手绘效果图赏析(一)

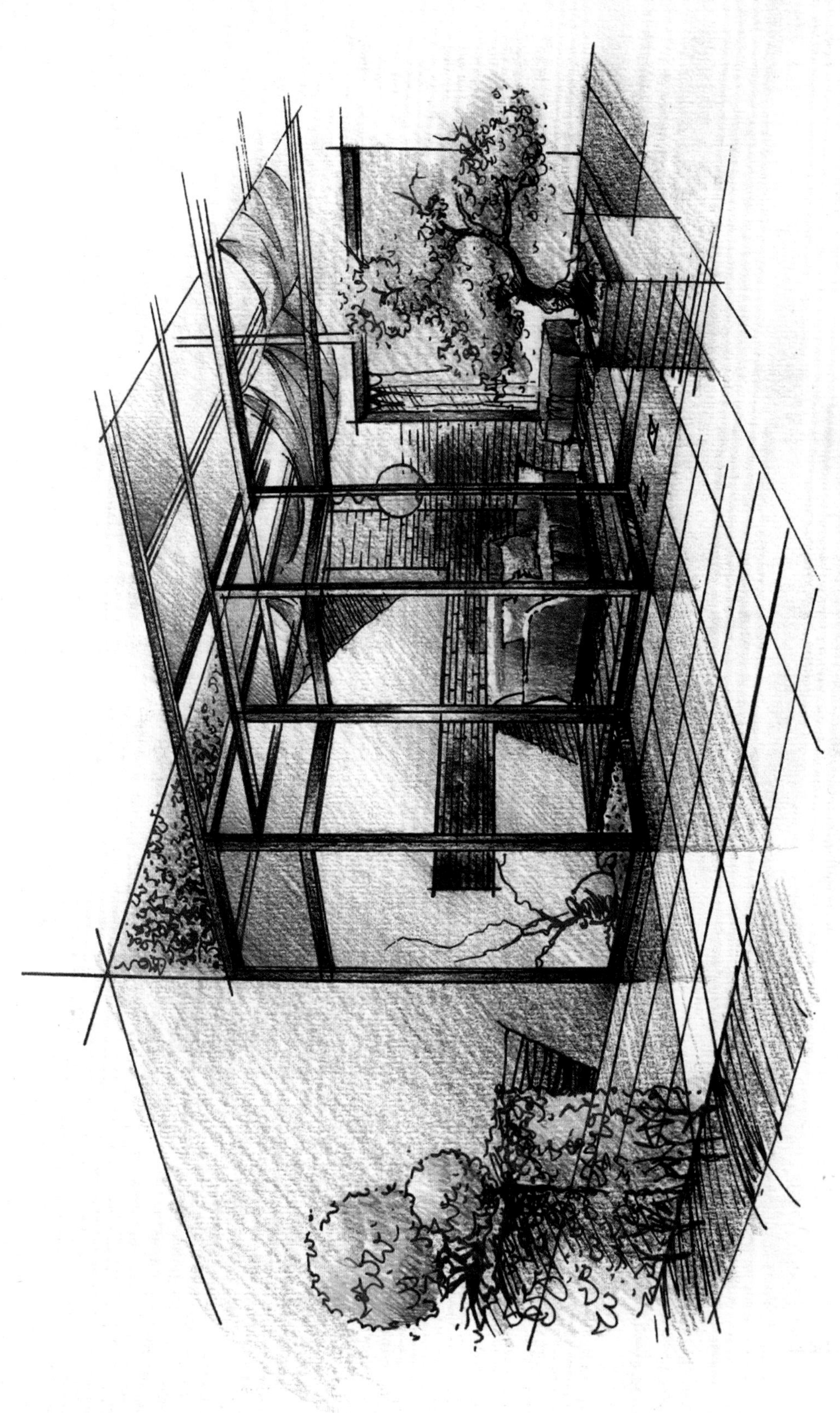

图 2-58 办公空间彩铅手绘效果图赏析(二)

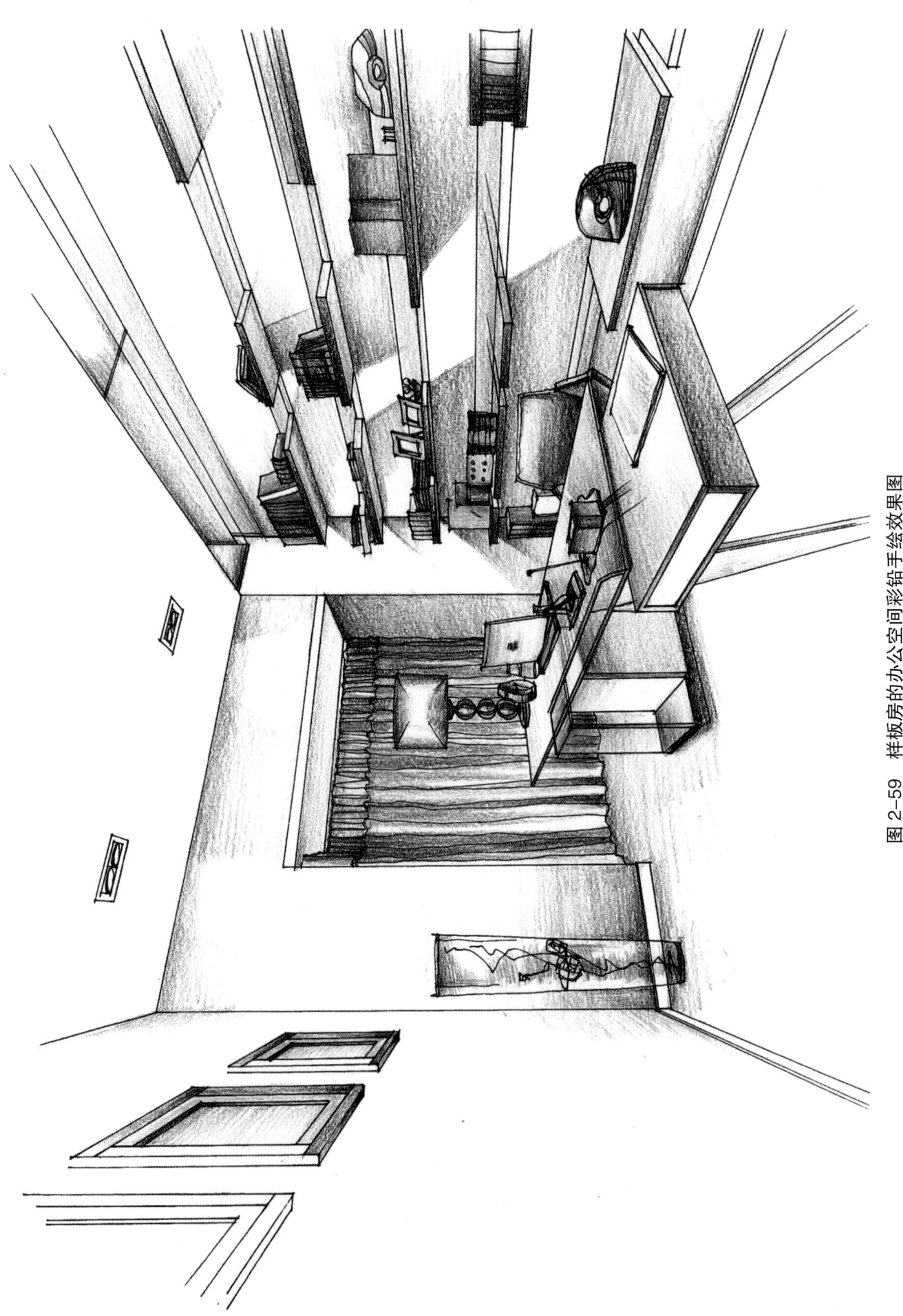

图 2-59 样板房的办公空间彩铅手绘效果图

图 2-60　样板房的办公空间彩铅手绘效果图之实景照片

第三节 室内手绘效果图快速表现技法实训之马克笔技法表现

任务一 室内局部陈设及材质马克笔手绘表现

一、任务训练目的

通过马克笔技法的演示，了解室内局部陈设及不同材质的绘制，掌握马克笔技法的特点，灵活使用马克笔技法表现室内空间陈设效果。办公空间马克笔手绘效果图如图 2–61 所示。

图 2–61 办公空间马克笔手绘效果图

二、任务内容

马克笔以其绚丽的色彩、快捷高效的施色方式深受设计师的青睐。马克笔使用起来便捷、迅速、画面效果艺术性强，能生动地表达设计师的设计思想，能彰显设计师的独特魅力与艺术气质等，因此马克笔越来越受到设计师的重视。马克笔技法在设计表现中有着不可替代的位置，对它的学习与应用是设计师不懈的追求。

(一)马克笔的特征

1. 马克笔的优点

马克笔色彩剔透、方便着色、笔触清晰、风格豪放、成图迅速、表现力强，且颜色在干湿状态不同的时候不会发生变化，能够使设计师较容易地把握预期的效果。

2. 马克笔的缺点

马克笔的缺点：因其工具的局限性，其画幅尺度受到了不同程度的限制，且用其绘制的作品还存在不宜展出过长时间的缺点——马克笔画长时间展出将会褪色、变淡，此外，马克笔画不能在烈日下暴晒。因以上种种马克笔的缺点，马克笔画虽富有艺术情趣，但未能形成一门独立的画种。马克笔有着便捷、随意性强的特点，往往用于设计方案的沟通与推敲阶段。由于马克笔有着不可更改的局限性，所以学习者应掌握正确的使用方法，并进行大量的练习，方能得心应手。

(二)马克笔的笔法

1. 直线基本笔法

如图 2-62 所示，直线是马克笔的基础笔法。用马克笔画直线时，可根据用毛笔写“一”字的笔锋来运笔，运笔时要做到有头有尾。同时，马克笔在纸面上停留时间不宜过长，下笔时要快速、果断、干脆，起笔、运笔、收笔的力度要均匀。

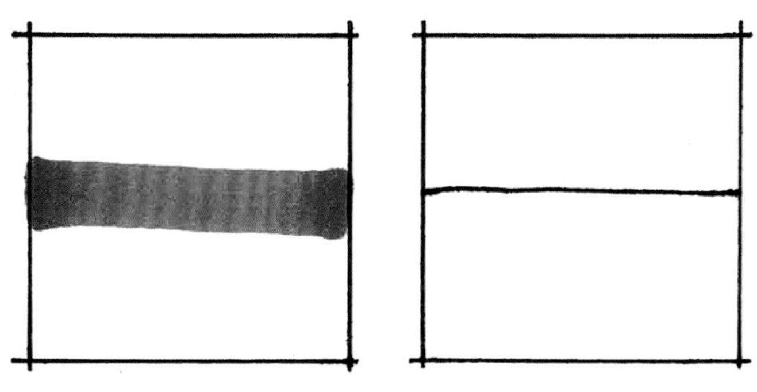

图 2-62　直线基本笔法

2. 阵列直线笔法

阵列直线笔法具体如下。

如图 2-63 所示，用直线的运笔方式，均匀、整齐地将直线排列下来，并列的直线与直线之间可以无缝隙、衔接自然，起笔和收笔保持整齐。阵列直线笔法适于体块、面的塑造。

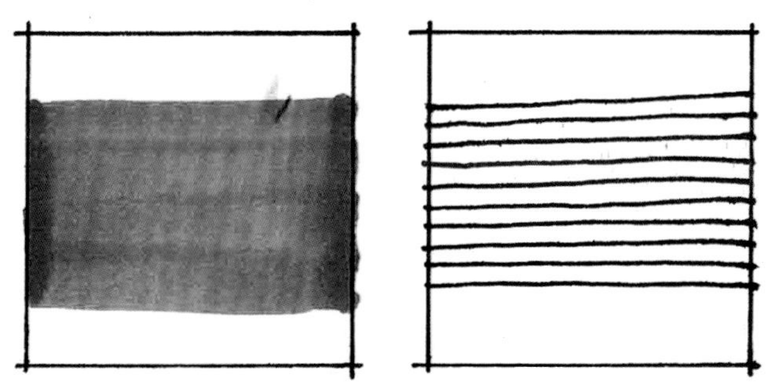

图 2-63　阵列直线笔法

阵列直线笔法的横向排列的笔触多用于表现物与物的平直交接面，如地面、顶面等。

阵列直线笔法的竖向排列的笔触多用于表现物体立面，能够增强形体的纵深感，也用于表现规则形体的倒影与反光，如复合木地板、瓷砖地面及各种反光较强的台面。

斜向排列的笔触多用于表现结构清晰明确的平面，如墙面、木地板、扣板吊顶等。需要注意的是在用笔时，用笔的方向要和物体结构及透视协调统一。

3. 折线笔法

折线笔法具体如下。

如图 2-64 所示，整齐排列直线三四笔后，连笔倾斜 45° 画一笔，再用马克笔的侧锋连笔画出一条细的直线，连笔点缀一点（运笔过程中一定要连笔并快速）。点最后一点的“点笔法”，可以以点带线，以点带面，做到点、线、面的结合，使画面更加生动。折线笔法多用于表现景观水景倒影、室内空间地面倒影等。

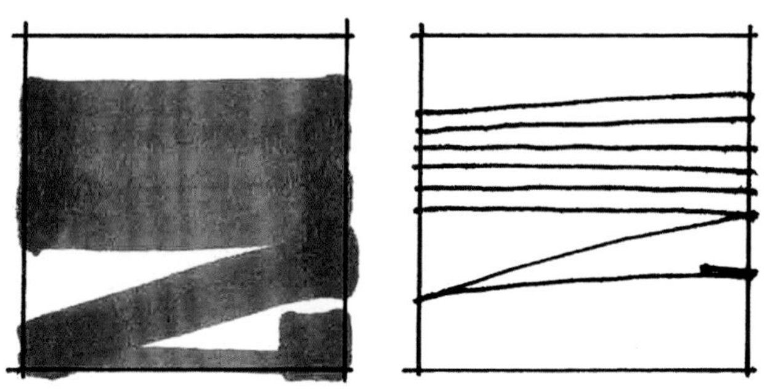

图 2-64 折线笔法

4. 交叉折线连笔法

笔法介绍：如图 2-65 所示，交叉折线连笔法是前面两种笔法（阵列直线笔法和折线笔法）的综合运用，可以丰富画面效果，注意交叉叠加时要等第一遍画的颜色完全干透再进行交叉叠加，否则色彩容易溶合在一起而失去清晰的笔触轮廓。

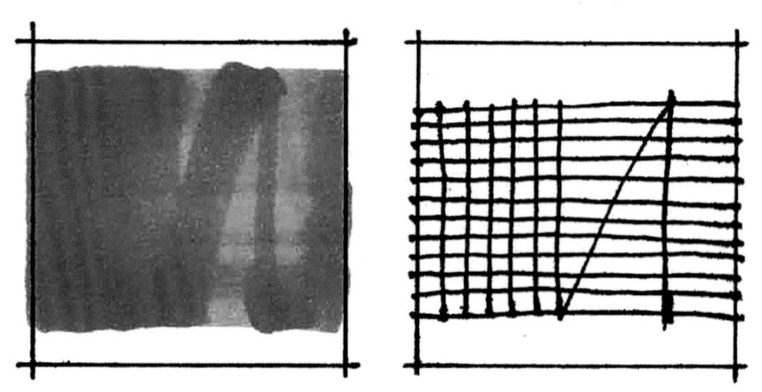

图 2-65 交叉折线连笔法

5. 两边轻中间重的笔法

笔法介绍：如图 2-66 所示，两边轻中间重的笔法是阵列直线笔法和折线笔法的结合，采用直线的运笔方式，均匀、整齐地将直线排列下来后，在中间均匀地运笔，排列出交叉折线连笔的笔法。

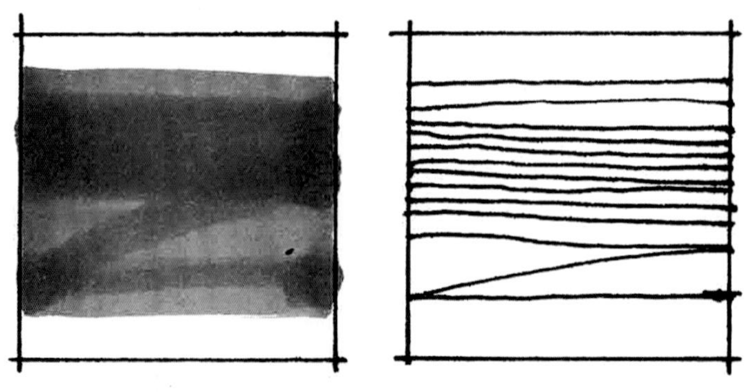

图 2-66 两边轻中间重的笔法

在室内效果图中，这种笔法常运用于室内沙发、瓷砖和木地板的表现，如果重复覆盖一遍颜色，则多用于室外效果图中的石板路面和建筑墙体的绘制。

6. 疏密间隔笔法

笔法介绍：运用疏密间隔笔法横向运笔时，要整齐地排列直线，线之间的间隔要把握好，不宜留太大，要连贯，同时要注意笔触上多下少及层与层的疏密渐变关系，一层一层笔触逐渐减少，最后用直线概括；运用疏密间隔笔法竖向运笔时，如图 2–67 所示，笔头垂直、整齐、快速地排列，竖线之间的间隙要控制得当，线与线之间，要有微妙的方向变化关系，这样笔法才会显得有节奏、生动。运用疏密间隔笔法时，不同形状的面应采用不同的排列方式，正方形可竖排、横排，也可交叉排列。

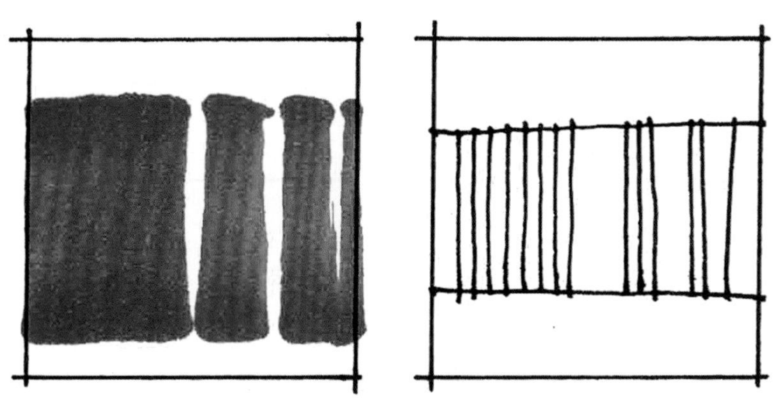

图 2–67　疏密间隔笔法

7. 短线、点组合笔法

笔法介绍：用笔时，将马克笔的侧锋倾斜 45° 与画的角度与纸面接触，快速地往 45° 的方向排列两到三笔，每笔之间间隔不要过大，在末端连贯地运用“点笔法”，进行收笔、点缀，如图 2–68 所示。

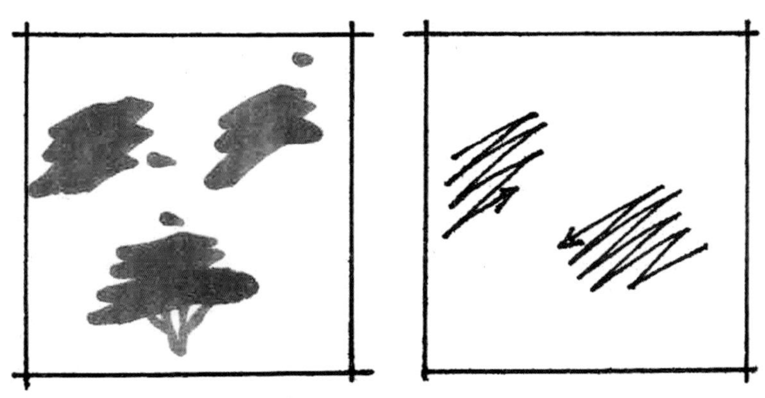

图 2–68　短线、点组合笔法

这种笔法多用于表现植物，有时在刻画一些玻璃质感的过渡和反光加重，以及一些毛面质感的明暗过渡中也会用到。

8. 左右射线笔法

笔法介绍：如图 2-69 所示，左右射线笔法在起笔时要用力，然后提笔往运笔方向快速扫去，使中间的颜色淡一些，收笔力度控制好，不要超出物体的界限。

这种笔法多用于塑造圆柱体、弧形墙，如花瓶，还可用于表现柔软材质，如窗帘、床罩、沙发等。

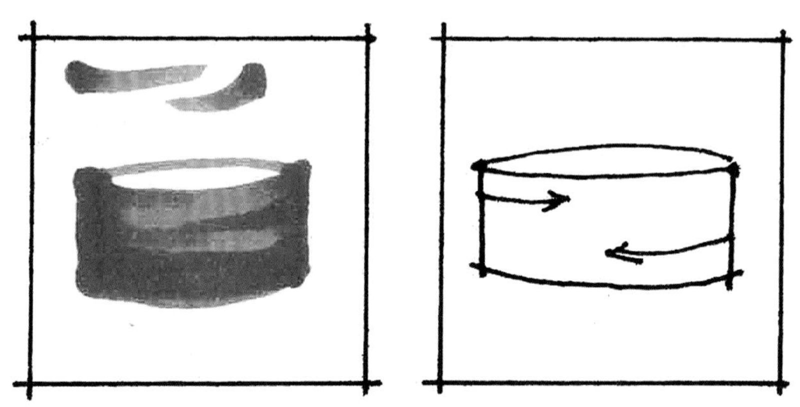

图 2-69　左右射线笔法

三、任务流程

（1）准备绘画工具（白色绘图纸、铅笔、钢笔、针管笔、马克笔等）。

（2）初学者可先用铅笔起稿，再用钢笔或针管笔勾线，画出物体空间轮廓，运用马克笔的不同笔触、笔法来塑造室内局部陈设效果。

四、任务外延

室内成组陈设表现如图 2-70 至图 2-72 所示。

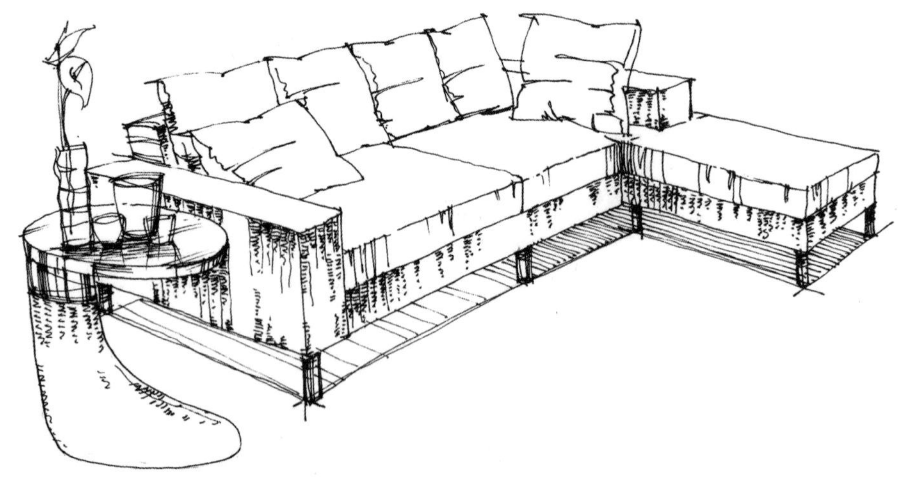

(a)

图 2-70　室内成组陈设表现(一)

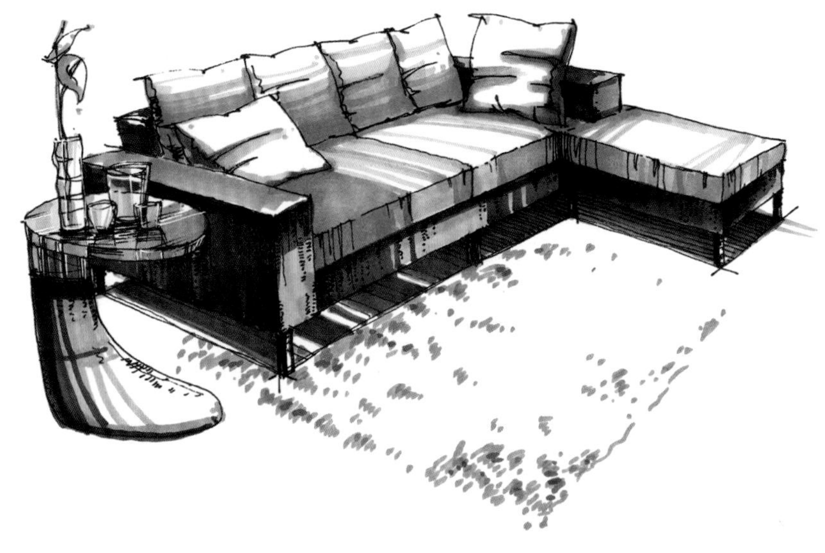

（b）

续图 2-70

（a）

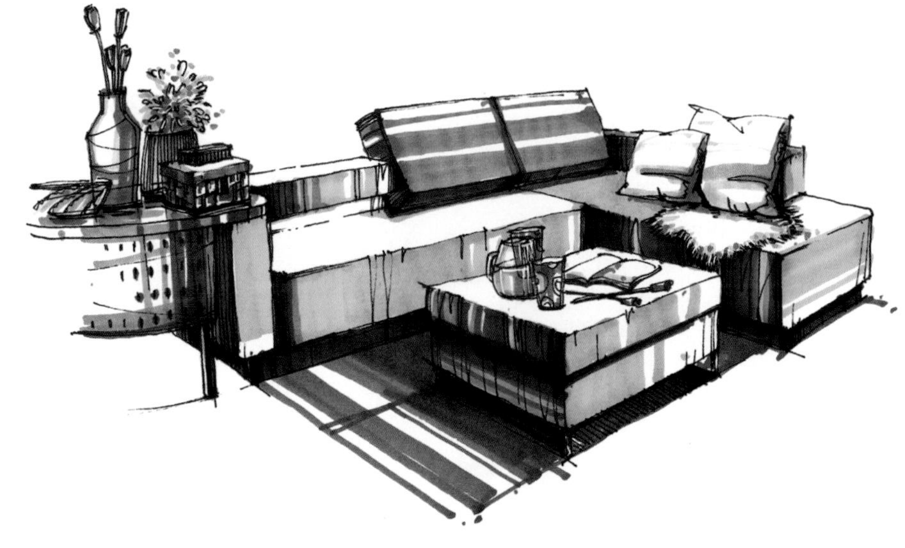

（b）

图 2-71　室内成组陈设表现(二)

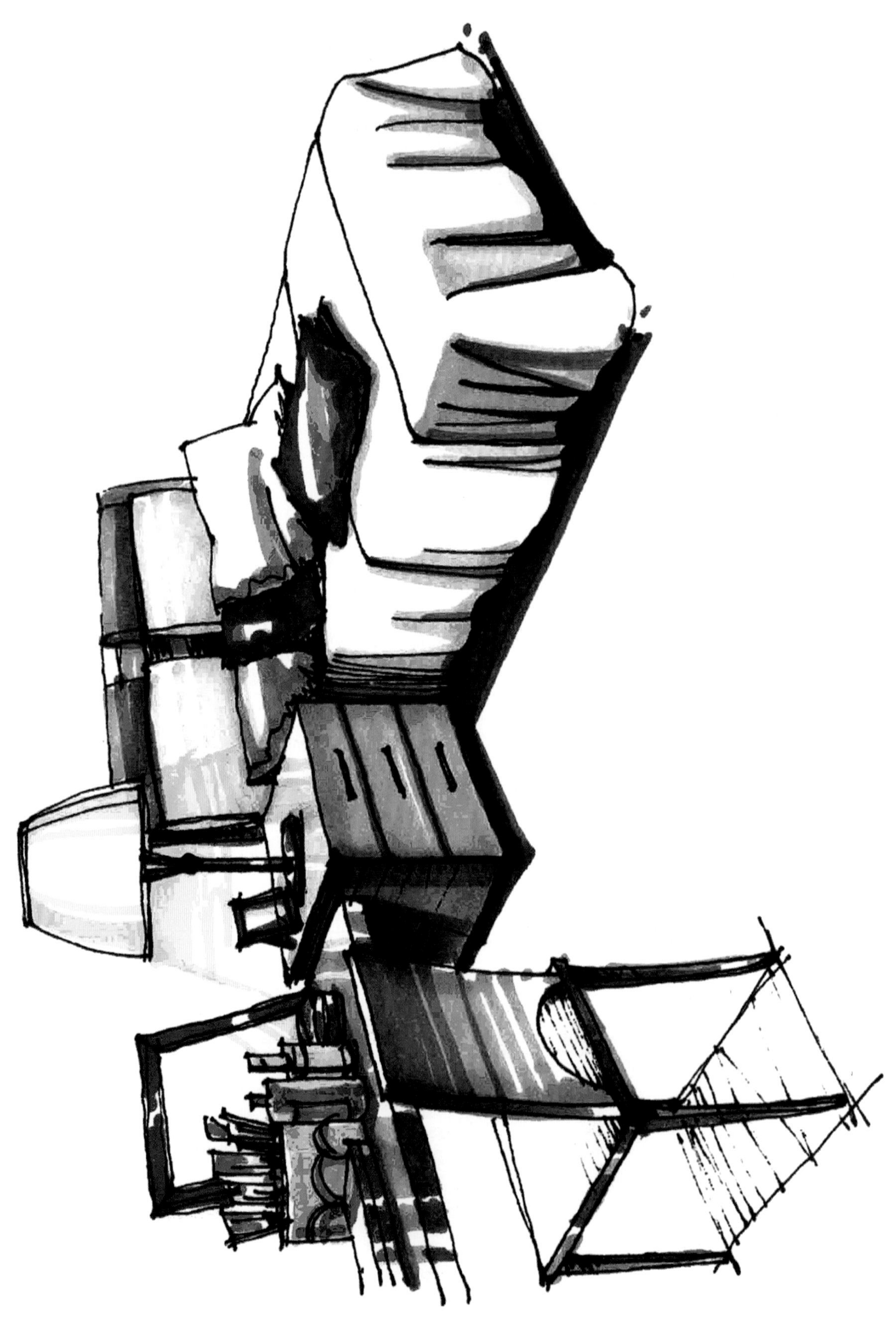

图 2-72　室内成组陈设表现(三)

五、任务拓展

(一)马克笔质感表现

1. 表现石材质感

石材在室内应用比较广泛，石材质地坚硬，光洁透亮，在表现时先按照石材的固有色彩薄薄涂一层底色，留出高光和反光，然后用勾线笔适当画出石材的纹理。

2. 表现金属质感

金属的明暗对比强烈，在表现金属光泽度较强的表面时，要注意高光、反光和倒影的处理，笔触应平行整齐，可借助直尺来表现。

3. 表现透明材料质感

玻璃(有色、无色)要掌握好反光部分与透过光线的多角性关系的处理。透明材料基本上是借助环境的底色，施加光线照射的色彩来表现。

4. 表现木材质感

木材质感的表现主要是要把握好木纹的表现。首先平涂一层木材底色，然后再徒手画出木纹线条，木纹线条先浅后深，使木材质感自然流畅。

(二)举例——墙体及玻璃材质马克笔表现

墙体及玻璃材质马克笔表现如图 2-73 所示。

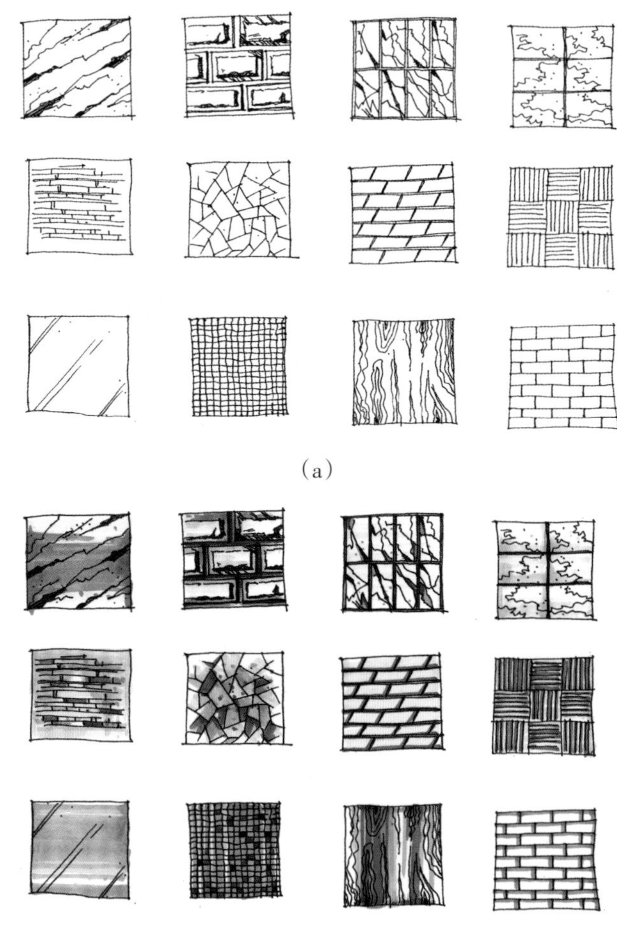

(a)

(b)

图 2-73 墙体及玻璃材质马克笔表现

(三)举例——软装饰材质马克笔表现

软装饰材质马克笔表现如图 2–74 所示。

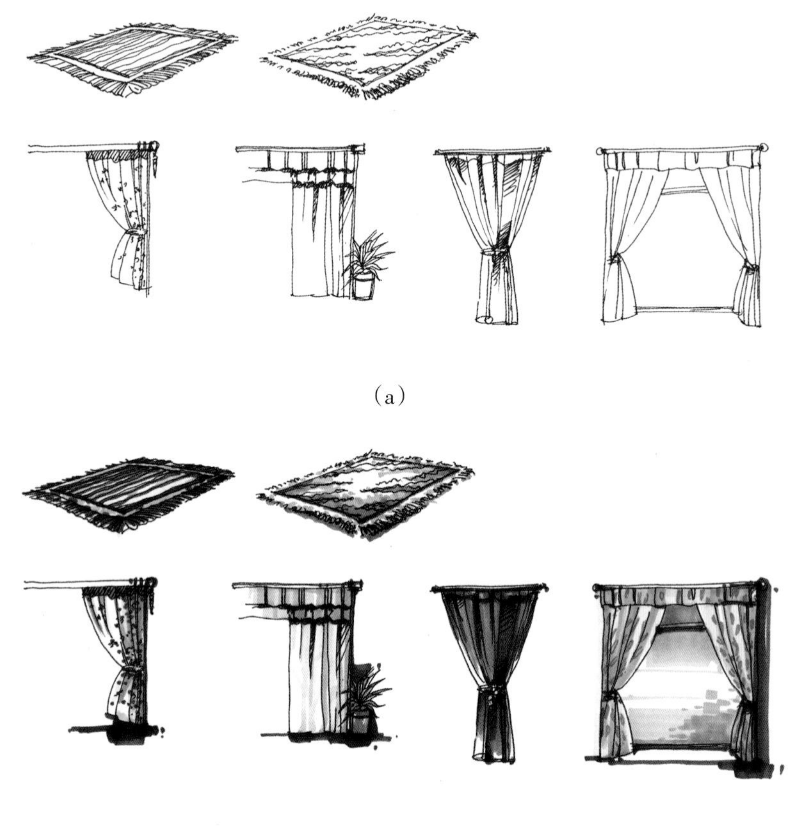

(a)

(b)

图 2–74　软装饰材质马克笔表现

(四)马克笔的干湿特性

注意对马克笔干湿特性的控制，由于马克笔上色具易干的特性，所以在绘画时需要注意马克笔干湿变化中的情况。

1. 干画法

干画法是指在第一遍颜色完全干透后，再上第二遍颜色。这种画法给人干净利索、硬朗明确、层次分明的感觉，多用于表现轮廓清晰、结构硬朗的物体。

2. 湿画法

湿画法是指在第一遍颜色未干透时，迅速上第二遍颜色。这种画法给人圆融饱满、含蓄清澈的感觉。多用于轮廓含混、圆滑的物体或者物体的过渡面。

3. 干湿结合法

干湿结合法，即前面两种方法并用的画法。这种画法给人生动活泼、丰富多彩的感觉，其使用范围也更加灵活。

(五)案例步骤

步骤 1:如图 2–75 所示，钢笔线描起稿，掌握好空间尺度，构图合理，比例适中，透视关系准确，用线条塑造基本的明暗关系。

图 2–75　室内马克笔手绘效果图步骤 1

步骤 2：如图 2–76 所示，用较浅的灰色马克笔先上一遍颜色，绘制出空间的明暗关系（通常可以用单色马克笔在整个画面中绘制明暗关系）。

图 2–76　室内马克笔手绘效果图步骤 2

步骤 3：如图 2–77 所示，找出空间中物体的固有色，选择颜色较浅的马克笔逐层深入地上色（马克笔上色后色彩艳丽不易修改，通常由浅入深地刻画）。

图 2–77 室内马克笔手绘效果图步骤 3

步骤 4：如图 2–78 所示，颜色逐层加深，明确物体的固有色，丰富画面效果。

图 2–78 室内马克笔手绘效果图步骤 4

步骤 5：如图 2–79 所示，完成最后上色部分，然后局部—整体—局部调整。

图 2-79　室内马克笔手绘效果图步骤 5

任务二　商业空间马克笔手绘表现

一、任务训练目的

主要通过商业空间马克笔技法的演示，了解商业空间效果图的绘制技巧，商业空间在设计上运用的颜色较为丰富。

二、任务内容：马克笔技法训练要点

（一）马克笔笔法练习

马克笔快速表现大多具有透视准确、结构严谨、色彩和谐的特点，而它的魅力主要表现在其潇洒、帅气的笔法上。由于马克笔粗细不一的笔头，加之其使用时轻重缓急的变化，用其绘制的线条效果非常丰富，因此需要对笔法进行专门的练习，以达到清晰认知和熟练运用的程度。

（二）单线的形态与性格

线的粗细、长短、刚柔、顿挫、形态不同，会给人不同的感受。徒手画线给人轻松、变化丰富的感觉；借助尺规画出粗细均匀、挺直的线条，给人严谨、规整的感觉。

三、任务流程

（1）准备绘画工具（白色绘图纸、铅笔、钢笔、针管笔、马克笔等）。

（2）初学者可先用铅笔起稿，再用钢笔或针管笔勾线，画出空间轮廓，运用马克笔的不同笔触、笔法来塑造商业空间效果。室外商业空间马克笔表现如图 2-80 所示。

图 2-80　室外商业空间马克笔表现

四、任务外延

(一)项目案例一:商务精品酒店之走廊设计

步骤 1：如图 2–81 所示，钢笔线描起稿。

图 2–81　商务精品酒店走廊马克笔表现步骤 1

步骤 2：如图 2–82 所示，马克笔着色。

图 2–82　商务精品酒店走廊马克笔表现步骤 2

该商务精品酒店之走廊设计的实景照片如图 2–83 所示。

图 2–83 商务精品酒店之走廊设计实景照片

(二)项目案例二:个性化酒店客房设计

步骤 1：如图 2–84 所示，绘制好正式上色的线稿，初学者可先用铅笔起稿，然后用钢笔或针管笔仔细刻画，绘制线稿时要准确地把握好透视和比例关系，准备好上色工具，思考个性化酒店客房空间的主要色调及配饰的颜色关系。

图 2–84 个性化酒店客房马克笔表现步骤 1

步骤 2：着色前，先考虑好设计图的整体位置及区域关系，然后再进行上色，这样就降低了将颜色涂到区域外的可能性；上色时，要保持轻松平和的心情，不必过于拘谨，可选择自己相对有把握的区域先上色，笔触横行轻快，如图 2–85 所示。

图 2–85　个性化酒店客房马克笔表现步骤 2

步骤 3：如图 2–86 所示，根据绘制对象的色相、明度深入刻画，注意画面颜色不要太满，要留白，使画面有透气感，同时把握好色彩间的协调与统一，注意笔触间的排列和秩序。

图 2–86　个性化酒店客房马克笔表现步骤 3

步骤 4：如图 2–87 所示，深入刻画过程中，要控制好整个画面的氛围，塑造好空间微妙细节，注意设计图的虚实关系，注意主次关系和冷暖对比。

图 2–87　个性化酒店客房马克笔表现步骤 4

该个性化酒店客房设计的实景照片如图 2–88 所示。

图 2–88　个性化酒店客房设计的实景照片

(三)项目案例三:豪华酒店洗漱间设计

步骤 1：如图 2-89 所示，钢笔线描起稿。

图 2-89　豪华酒店洗漱间马克笔表现步骤 1

步骤 2：如图 2-90 所示，马克笔单色着色。

图 2-90　豪华酒店洗漱间马克笔表现步骤 2

步骤 3：如图 2-91 所示，马克笔固有色着色。

步骤 4：如图 2-92 所示，深入刻画，最后调整完成设计稿。

该豪华酒店洗漱间的实景照片如图 2-93 所示。

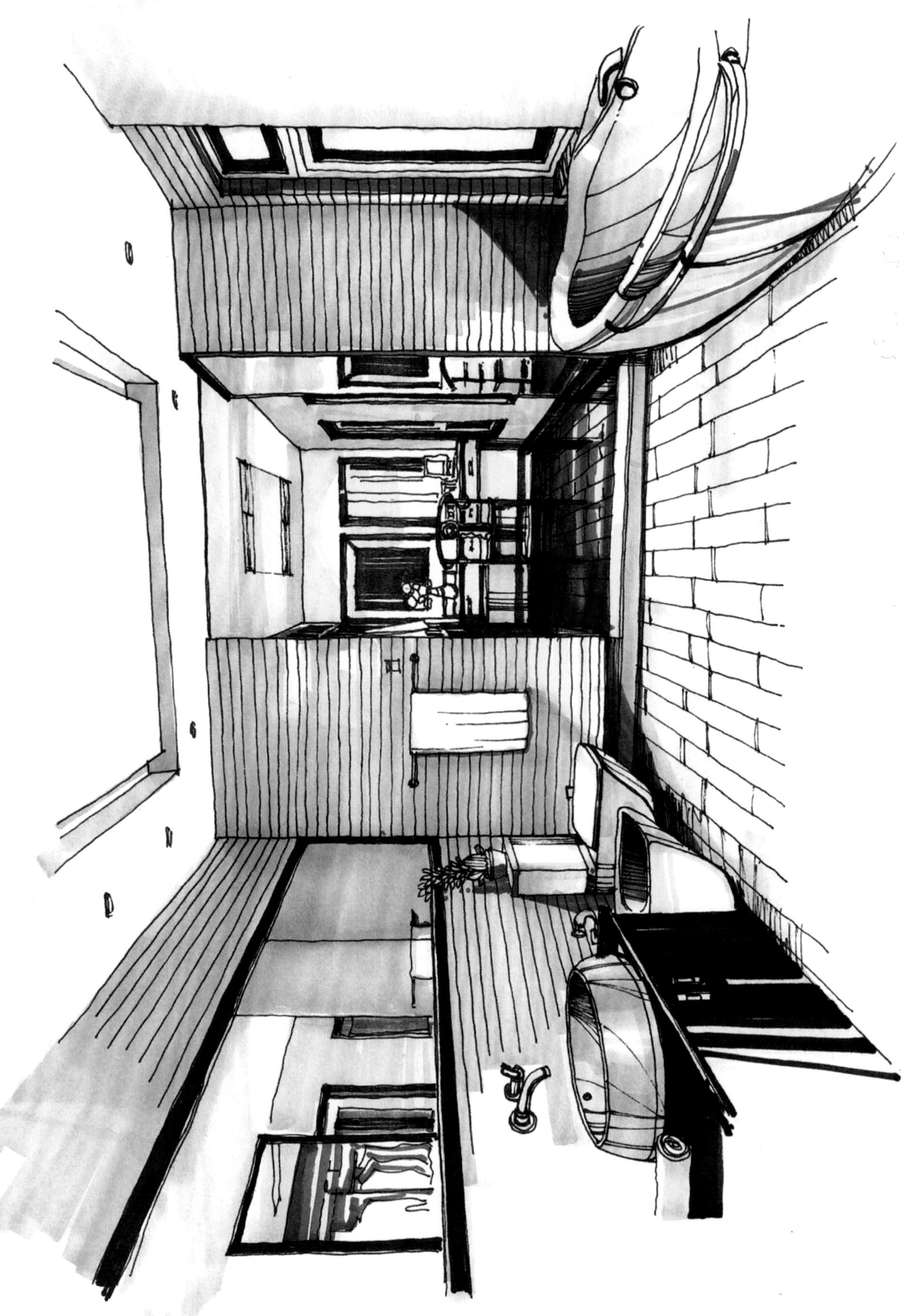

图 2-91 豪华酒店洗漱间马克笔表现步骤 3

图 2-92 豪华酒店洗漱间马克笔表现步骤 4

图 2-93　豪华酒店洗漱间设计的实景照片

(四)项目案例四:商务酒店客房设计

步骤 1：如图 2-94 所示，钢笔线描起稿。

图 2-94　商务酒店客房马克笔表现步骤 1

步骤 2：如图 2-95 所示，用马克笔着色。

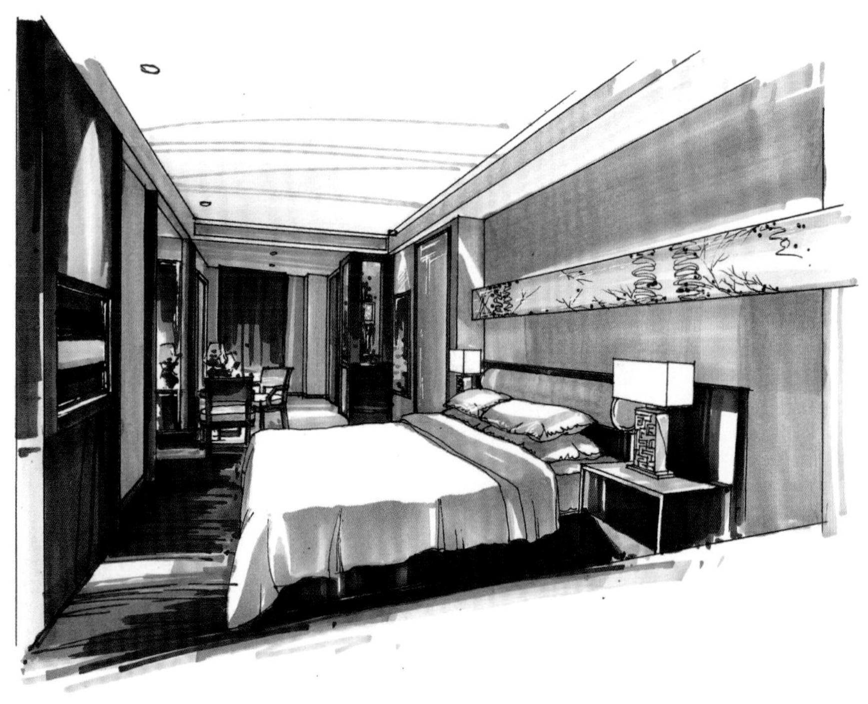

图 2-95　商务酒店客房马克笔表现步骤 2

该商务酒店客房设计的实景照片如图 2–96 所示。

图 2–96　商务酒店客房设计的实景照片

（五）项目案例五：豪华酒店套房设计

步骤 1：如图 2–97 所示，钢笔线描起稿。

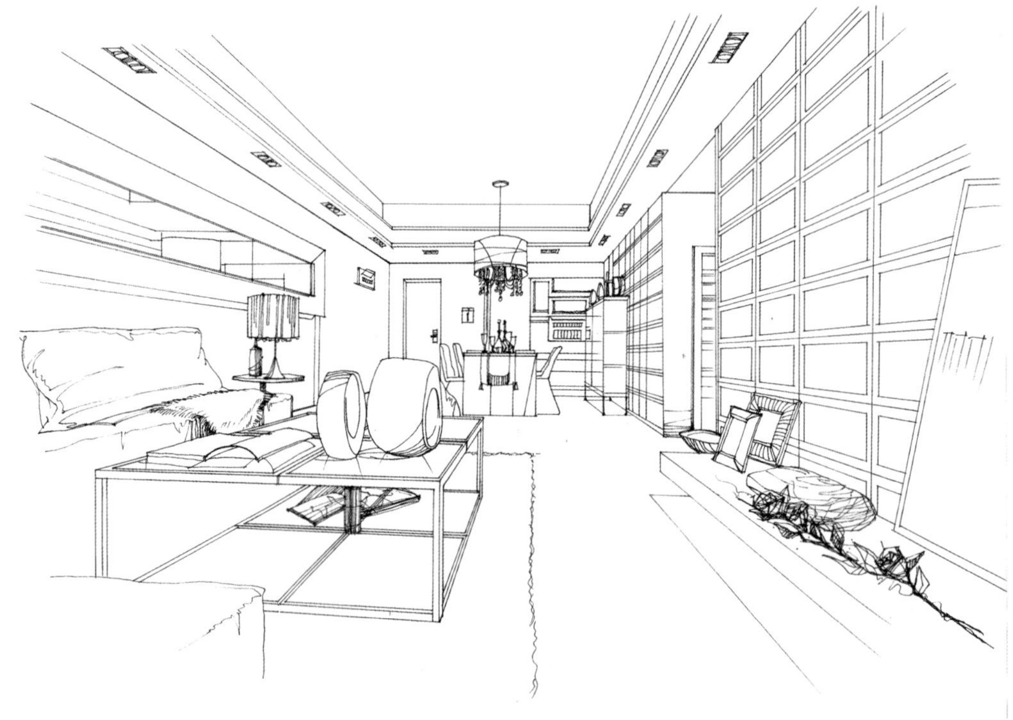

图 2–97　豪华酒店套房马克笔表现步骤 1

步骤 2：如图 2-98 所示，用马克笔着色。

图 2-98　豪华酒店套房马克笔表现步骤 2

该豪华酒店套房设计的实景照片如图 2-99 所示。

图 2-99　豪华酒店套房设计的实景照片

任务三　餐饮空间马克笔手绘表现

一、任务训练目的

通过餐饮空间马克笔技法的演示，了解餐饮空间的绘制，掌握马克笔技法的特点，灵活使用马克笔技法表现餐饮空间。

二、任务内容：熟悉马克笔的特性

(一)硬

马克笔不仅是笔头硬，它的笔触也是硬的。试观察马克笔笔头，油性马克笔为硬毡头笔头，并且笔头为宽扁的斜面。利用这些特点设计师可以画出很多不同的效果，比如：用斜面上色，可画出较宽的面；用笔尖转动上色，可获得丰富的点的效果；用笔头根部上色，可得到较细的线条。

(二)洇

油性马克笔的溶剂为酒精性溶液，极易附着在纸面上。若笔头在纸面上停留时间稍长，其画出的颜色会洇开一片，此外，按笔的力度会加重阴湿的效果和色彩的明度，而加快运笔速度，会得到色彩由深到浅的渐变效果。利用油性马克笔这些特性，可以表现物体光影的变化。

(三)色彩可预知性

无论如何使用，马克笔的色泽总不会变，所以当我们通过试验获得较满意的色彩效果时，就可以记下马克笔的型号，以备下次遇到类似问题时使用。

(四)可重复叠色

马克笔虽不能像水彩那样调色，但可在纸面反复叠色，设计师可以通过有限的型号色彩的反复叠加来获得较理想的视觉效果。

三、任务流程

(1) 准备绘画工具（白色绘图纸、铅笔、钢笔、针管笔、马克笔等）。

(2) 初学者可先用铅笔起稿，再用钢笔或针管笔勾线，画出空间轮廓，运用马克笔的不同笔触、笔法来塑造餐饮空间效果。

四、任务外延

(一)项目案例一：中式餐馆设计

步骤 1：如图 2-100 所示，钢笔线描起稿。

步骤 2：如图 2-101 所示，用马克笔着色。

图 2-100　中式餐馆马克笔表现步骤 1

图 2-101　中式餐馆马克笔表现步骤 2

(二)项目案例二:咖啡厅设计

步骤 1：如图 2-102 所示，钢笔线描起稿。

步骤 2：如图 2-103 所示，用马克笔单色着色。

步骤 3：如图 2-105 所示，运用马克笔着色，修整至完成设计稿。

该咖啡厅设计的实景照片如图 2-106 所示。

图 2-102　咖啡厅马克笔表现步骤 1

图 2-103 咖啡厅马克笔表现步骤 2

图 2-105 咖啡厅马克笔表现步骤 3

图 2-106 咖啡厅设计之实景照片

(三)项目案例三:宴会厅设计

步骤 1：如图 2-107 所示，钢笔线描起稿。

图 2-107　宴会厅马克笔表现步骤 1

步骤 2：如图 2-108 所示，用马克笔着色，把握空间主要色调。

图 2-108　宴会厅马克笔表现步骤 2

步骤 3：如图 2-109 所示，继续深入刻画空间效果。

图 2-109　宴会厅马克笔表现步骤 3

步骤 4：如图 2-110 所示，用马克笔着色，完成最终稿，注意点光源的修饰效果。

该宴会厅设计的实景照片如图 2-111 所示。

图 2-110　宴会厅马克笔表现步骤 4

图 2-111　宴会厅设计之实景照片

第四节 室内手绘效果图快速表现技法实训之综合技法表现

任务一 室内空间综合技法表现

一、任务训练目的

主要训练运用综合技法表现室内空间效果图，了解室内空间效果图采用综合技法的绘制过程，根据综合技法的特点，突出室内空间表现的主题，灵活使用综合技法表现室内空间效果图。

二、任务内容：室内空间效果图表现要点

手绘在室内设计的不同阶段都会被使用到，例如：在接单过程中，可以手绘方式表现草图，帮助客户理解构思；与客户进行交流时，可以快速地画出简单的室内空间着色稿，这样可以直观地让客户了解室内设计的空间效果。

在平面布置时，快速地划分出室内空间格局、功能区，并确定尺度的概念，在这个过程中不需要画得非常规范，将方案设计出来，把握好大的布局关系和比例关系即可，如图 2–112 所示。

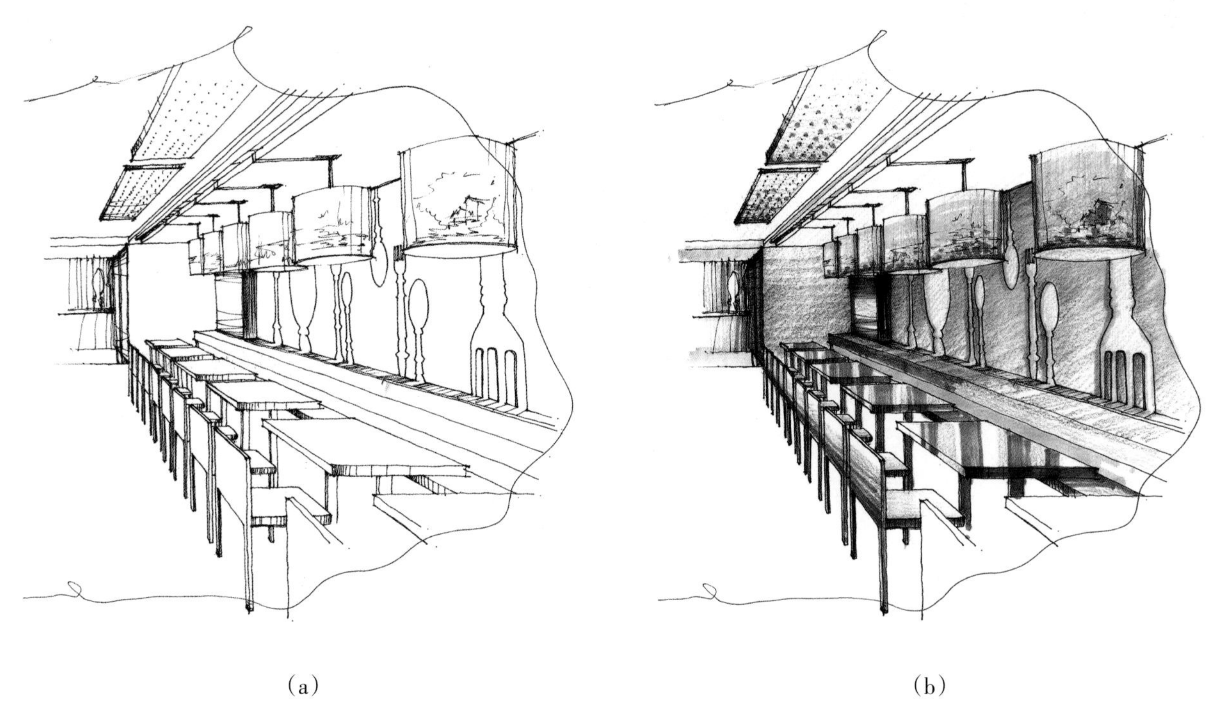

(a) (b)

图 2–112 室内手绘效果图

三、任务流程

（1）准备绘画工具（白色绘图纸、铅笔、钢笔、针管笔、彩色铅笔、马克笔等）。

（2）初学者可先用铅笔起稿，再用钢笔或针管笔勾线，画出室内空间的整体环境，最后运用彩色铅笔、马克笔的不同笔触、笔法来塑造室内空间画面效果。

四、任务外延

(一)项目案例一:某饭店设计方案

（1）某饭店设计方案 1，如图 2-113、图 2-114 所示。

图 2-113　某饭店设计方案 1(步骤 1)

图 2-114　某饭店设计方案 1(步骤 2)

(2) 某饭店设计方案 2 如图 2-115、图 2-116 所示。

图 2-115　某饭店设计方案 2(步骤 1)

图 2-116　某饭店设计方案 2(步骤 2)

(二)项目案例二:酒店会议室设计

酒店会议室设计如图 2-117 所示，其实景照片如图 2-118 所示。

图 2-117　酒店会议室设计

图 2-118　酒店会议室设计之实景照片

任务二　室内设计草图绘制

一、任务训练目的

主要训练综合技法表现室内设计草图的技法，了解室内设计草图采用综合技法的绘制过程，根据综合技法的特点，突出室内设计草图表现力，灵活使用综合技法表现室内设计草图。

二、任务内容：掌握草图介绍的技能

草图是一种表达方式，是一种快速的绘画方式。室内设计草图应用较为广泛：在与客户洽谈时，通过草图可以让客户直观地看到空间和布局；在方案设计阶段，可以通过草图来构思平面布局、立面造型及元素的应用等。通过草图的形式将高度、深度的形式和比例形象化地表现出来，能激发和引导客户的想象，使客户能在脑海里呈现出与方案设计相符的情景。

三、任务流程

(1) 准备绘画工具（白色绘图纸、铅笔、钢笔、针管笔、彩色铅笔、马克笔等）。

(2) 初学者可先用铅笔起稿，再用钢笔或针管笔勾线，绘制室内设计草图整体环境，最后运用彩色铅笔、马克笔的不同笔触、笔法来塑造室内设计草图效果。

四、任务外延：室内设计草图绘制

步骤 1：如图 2-119 所示，绘制室内平面图。

图 2-119　室内设计草图绘制步骤 1（绘制室内平面图）

步骤 2：如图 2–120 所示，勾勒室内空间框架。

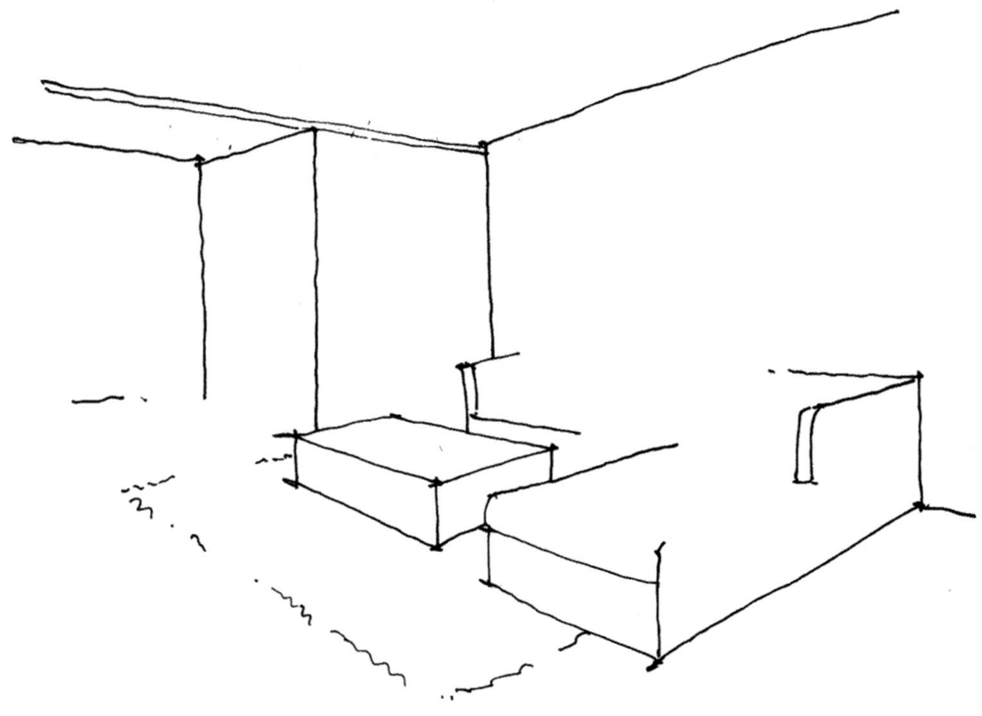

图 2–120　室内设计草图绘制步骤 2

步骤 3：如图 2–121 所示，快速刻画空间设计内容。

图 2–121　室内设计草图绘制步骤 3

步骤 4：如图 2-122 所示，完善室内空间效果。

图 2-122　室内设计草图绘制步骤 4

步骤 5：如图 2-123 所示，采用马克笔和彩色铅笔对室内平面图进行着色。

图 2-123　室内设计草图绘制步骤 5(室内平面图着色）

步骤 6：如图 2–124 所示，画出底色，确定空间色调。

图 2–124　室内设计草图绘制步骤 6

步骤 7：如图 2–125 所示，加深颜色。

图 2–125　室内设计草图绘制步骤 7

步骤 8：如图 2-126 所示，丰富空间色彩关系。

图 2-126 室内设计草图绘制步骤 8

步骤 9：如图 2-127 所示，调整色彩关系，直至完成。

图 2-127 室内设计草图绘制步骤 9

第三章

室外手绘效果图快速表现技法实训

SHIWAI SHOUHUI XIAOGUOTU KUAISU BIAOXIAN JIFA SHIXUN

第一节 室外手绘效果图快速表现技法实训之钢笔线描技法表现

任务一 植物线条手绘表现

一、任务训练目的

主要运用钢笔线描技法绘制植物，通过线条的变化，塑造自然、生动的植物效果。由于植物构成较为零碎，形态变化较难掌握，一般虽为配景，但经常处于画面前端，因此，掌握表现植物绘制的特点很有必要。

二、任务内容

植物的种类繁多，形态千变万化，了解植物的分类，了解植物的生长规律及形态类别是画好植物的前提。可以把植物分为乔木、灌木、草本花卉、藤本植物等几大类。对于室外建筑环境表现而言，高大的乔木和低矮的灌木是常见的表现内容。从树冠形态上可以将植物分为球形、半圆球形、扁球形、长球形、圆锥形、圆柱形等。植物线条手绘表现如图 3-1、图 3-2 所示。

图 3-1 植物线条手绘表现（一）

图 3-2 植物线条手绘表现（二）

三、任务流程

（1）准备好绘图工具（打印纸、白色绘图纸、铅笔、钢笔和针管笔等）。

（2）钢笔线描绘制植物。

四、任务外延

（一）景观植物线条组合

景观植物线条组合如图 3-3 所示。

图 3-3 景观植物线条组合

（二）植物线条手绘表现步骤

步骤 1：如图 3-4 所示，运用钢笔线描简单勾勒植物外轮廓。

步骤 2：如图 3-5 所示，画出植物的枝干，添加配景内容。

步骤 3：如图 3-6 所示，深入刻画植物的枝叶，注意画面细节。

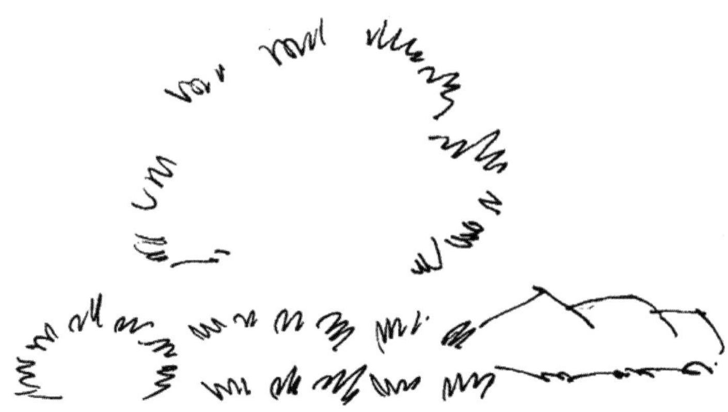

图 3-4　植物线条手绘表现步骤 1

图 3-5　植物线条手绘表现步骤 2

图 3-6　植物线条手绘表现步骤 3

(三)植物线条手绘表现欣赏与临摹

植物线条手绘表现欣赏与临摹如图 3–7、图 3–8 所示。

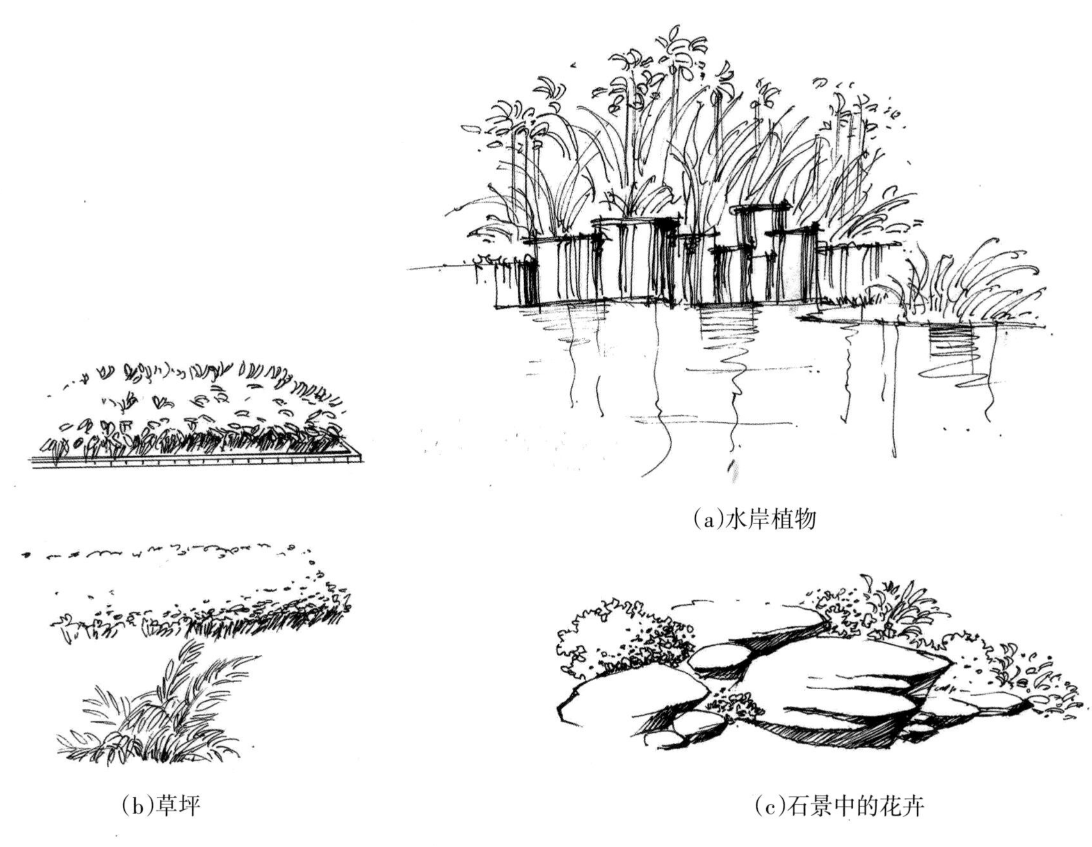

(a)水岸植物

(b)草坪

(c)石景中的花卉

图 3–7　低矮植物线条手绘表现

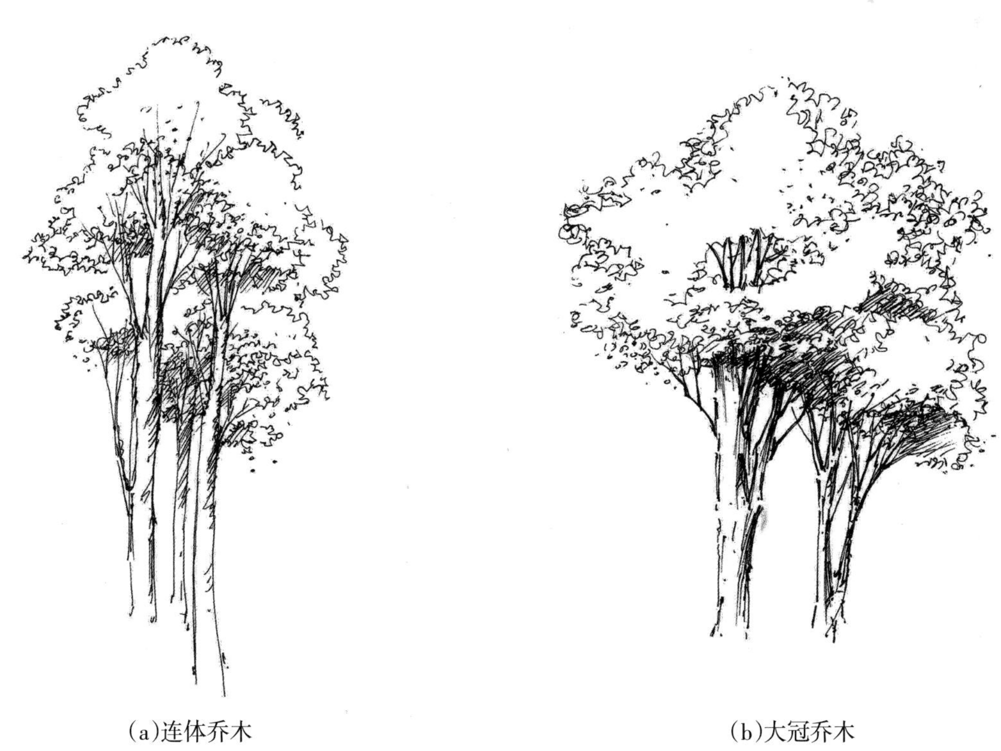

(a)连体乔木

(b)大冠乔木

图 3–8　连体乔木及大冠乔木线条手绘表现

任务二　景观线条手绘表现

一、任务训练目的

主要运用钢笔线描表现技法绘制室外景观，通过线条的变化，塑造自然、生动、空间感强的景观效果。充分利用线条的粗细、用笔力度的强弱、线条曲直的变化来塑造画面景观清晰的纵深空间感。

二、任务内容

景观表现图的景深很重要，画面的纵深空间感表达要依靠前景、中景、远景之间的对比关系来协调。前景绘制一般较详细，线条笔触清晰，也可以画得比较写实。中景可以绘制得较概括，分出主要明暗面，线条的绘制使外形轮廓体现出物体形态即可。远景绘制要虚化，起到陪衬的作用。景观线条手绘表现如图 3–9 所示。

图 3–9　景观线条手绘表现（草图效果）

三、任务流程

（1）准备好绘图工具（打印纸、白色绘图纸、铅笔、钢笔和针管笔等）。

（2）钢笔线描绘制室外景观表现。

四、任务外延

景观线条手绘表现欣赏与临摹如图 3–10、图 3–11 所示。

图 3-10 景观线条手绘表现（一）

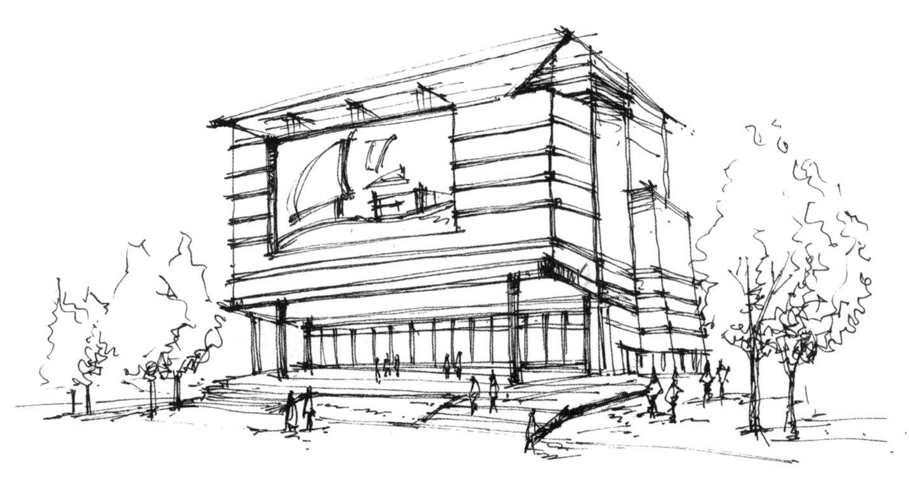

图 3-11 景观线条手绘表现（二）

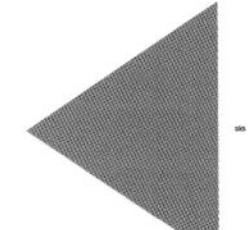

第二节 室外手绘效果图快速表现技法实训之彩色铅笔技法表现

任务一 景观彩铅手绘表现

一、任务训练目的

通过景观钢笔线描及彩色铅笔技法的演示，了解景观彩铅绘制的方法。景观彩铅绘制时，色彩不要过于丰富，变化不宜过多，形体色彩应区分主次、前后及明暗关系，景观形态可抽象概括。注意掌握彩色铅笔技法的特点，灵活使用彩色铅笔技法表现景观效果图。景观彩铅手绘表现如图 3-12 至图 3-14 所示。

图 3-12 景观彩铅手绘表现之线描

图 3-13 景观彩铅手绘表现之上色

图 3-14 景观彩铅手绘表现之完成稿

二、任务内容

(一)室外景观手绘快速表现的类型

1. 彩色铅笔景观表现

彩色铅笔是景观表现的主要绘图工具之一。彩色铅笔可用来表现粗糙的质感，如岩石、草地、树干等。运用彩铅绘图时，可以运用素描的笔触形式表现物体的层次调子。

2. 马克笔景观表现

马克笔景观表现的特点：画面效果简洁明快、干净洗练。马克笔简便快捷的工具特性使其成为现代景观绘画的最常用的工具，大大提高了绘制景观效果图的工作效率。

3. 综合技法景观表现

综合技法景观表现是将彩色铅笔和马克笔两种不同性质的工具结合在一起绘图，其画面色彩丰富，笔触变化富有层次感。

(二)室外景观手绘快速表现之彩色铅笔的基础技法

彩色铅笔绘制景观效果图，基本上是运用排线的手法，按照具有秩序感的线条排列，着色要体现虚实、明暗、主次的关系，画面效果清晰，色彩柔和，突出表现景观的设计主体和景深层次关系。

(三)室外景观手绘快速表现之彩色铅笔训练

彩色铅笔表现景观整体环境要先从局部景物开始绘制，注意局部景观形体及与植物之间的相互配合，运用光影、明暗关系将它们相互之间有机地联系到一起。

(四)室外景观手绘快速表现之着色时用笔的技巧

(1) 树木和草地等各种植物配景的画面占有率比较高。

(2) 根据方案设计情况，尽量突出与水有关的内容的表现。

(3) 强调近景路面的铺装形式。

三、任务流程

(1) 准备好绘图工具（白色绘图纸、铅笔、钢笔、针管笔和彩色铅笔等）。

(2) 钢笔线描勾勒景观框架。

(3) 彩色铅笔着色。

(4) 对效果图进行最后的整体—局部—整体调整。

四、任务外延

(一)景观彩铅手绘表现案例一

步骤 1：如图 3-15 所示，先用钢笔或针管笔画出景观空间的轮廓。初学者可先用铅笔起稿，然后用钢笔或针管笔仔细刻画。刻画时注意线条表现硬质建筑框架和植物配景的区别。绘画线稿时要准确地把握好透视和比例关系。

步骤 2：如图 3-16 所示，根据所画景观空间物体的色相、明暗特点深入刻画，注意画面颜色不要太满，要留白，使画面有透气感，同时要把握好景观色彩的协调与统一。

图 3-15　景观彩铅手绘表现案例一（步骤 1）

图 3-16　景观彩铅手绘表现案例一（步骤 2）

（二）景观彩铅手绘表现案例二

步骤 1：如图 3-17 所示，钢笔线描起稿。

步骤 2：如图 3-18 所示，彩色铅笔着色。

图 3-17　景观彩铅手绘表现案例二（步骤 1）

图 3-18　景观彩铅手绘表现案例二（步骤 2）

任务二　景观建筑小品彩铅手绘表现

一、任务训练目的

通过景观建筑小品钢笔线描及彩色铅笔技法的演示，了解景观建筑小品绘制的方法。绘制景观建筑小品时，画面色彩不要过于丰富。景观建筑小品与植物配景需区分前后及主次关系，配景及远景可抽象概括。注意掌握彩色铅笔技法的特点，灵活使用彩色铅笔技法表现景观建筑小品效果图。景观建筑小品彩铅手绘表现如图 3-19 所示。

图 3-19　景观建筑小品彩铅手绘表现

二、任务内容：景观建筑小品快速表现的特点

景观建筑小品的快速表现与设计师的设计思维有一种互动作用，它可以激发设计师的灵感，能使设计方案更加合理化，在绘制过程中，设计方案会得到不断完善。景观建筑小品快速表现具有随意和快捷的特点，设计师可以在现场随机画出初步构思的草图，因此，景观建筑小品快速表现具有很强的时效性。

景观建筑小品快速表现技法结合彩色铅笔表现时，因为彩色铅笔画出的色彩较为柔和，所以在表现硬质建筑小品的外形时要注意线条排列的变化，应刻画有力、笔触线条整齐，在植物及远景的绘制处理上，线条应自然、流畅，明确区分所画内容的材质，丰富画面效果。

三、任务流程

(1) 准备好绘图工具（白色绘图纸、铅笔、钢笔、针管笔和彩色铅笔等）。

(2) 钢笔线描勾勒景观建筑小品。

(3) 彩铅着色。

(4) 对效果图进行最后的整体—局部—整体调整。

四、任务外延

(一)景观建筑小品彩铅手绘表现的绘制步骤

步骤 1：如图 3-20 所示，先用钢笔或针管笔画出景观建筑小品的轮廓，初学者可先用铅笔起稿，然后用钢笔或针管笔仔细刻画，刻画时注意线条表现景观建筑小品和植物配景的区别，此外，绘画线稿时要准确地把握好透视和比例关系。

步骤 2：如图 3-21 所示，根据所画景观建筑小品的色彩、明暗关系深入刻画。注意画面颜色不要太满，要留白，使画面有透气感，同时要把握好景观建筑小品与植物色彩的协调与统一。

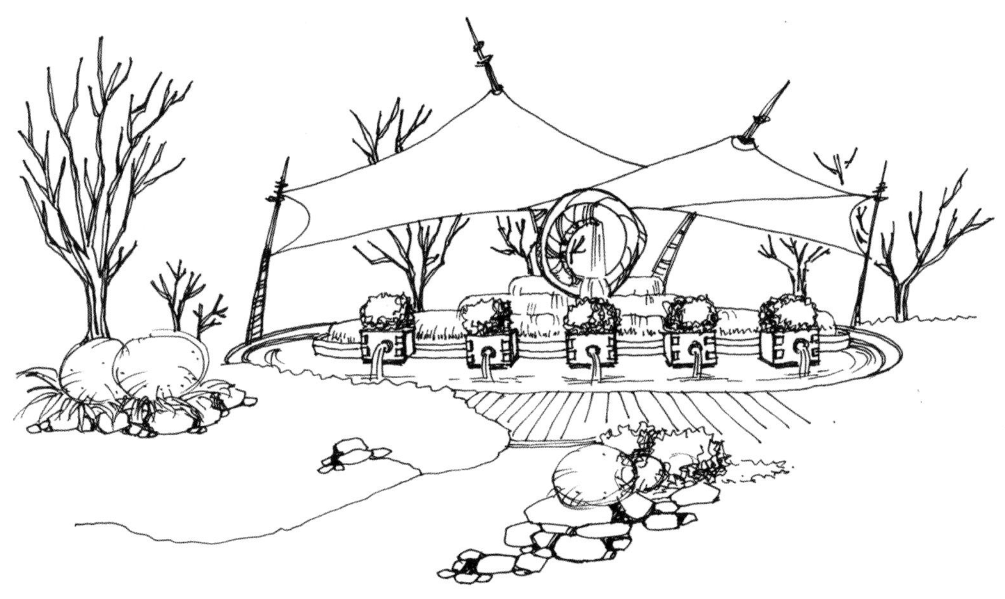

图 3-20　景观建筑小品彩铅手绘表现步骤 1

图 3-21　景观建筑小品彩铅手绘表现步骤 2

(二)景观建筑小品彩铅手绘表现欣赏与临摹

景观建筑小品彩铅手绘表现欣赏与临摹，如图 3-22 至图 3-24 所示。

图 3–22　景观建筑小品彩铅手绘表现（一）

图 3–23　景观建筑小品彩铅手绘表现（二）

图 3–24　景观建筑小品彩铅手绘表现（三）

第三节 室外手绘效果图快速表现技法实训之马克笔技法表现

任务一 植物马克笔手绘表现

一、任务训练目的

主要通过运用马克笔技法绘制植物的演示，了解如何运用马克笔绘制植物。根据马克笔着色的特点，运用不同的笔触和笔法将植物的根、茎、叶表现得生动、自然，笔法及笔触简繁得当，丰富画面效果。

二、任务内容

(一)马克笔绘制植物的着色要点

植物是景观设计中的要素之一，植物的表现自然是效果图不可缺少的一部分。

植物画得好坏直接关系到画面效果的优劣。要画好植物，首先要对植物的自然生长体态有细致的观察和记忆，了解各种植物不同的外形特征。

运用马克笔画植物的时候应从整体出发，突出植物的大体特征、明暗关系、色彩关系，应注意笔触既要有疏密变化，又要去繁就简，切不可从局部一片片地描绘，这样会导致整个画面凌乱琐碎，有杂乱无章之感。

(二)马克笔绘制植物的方法

就画面整体而言，可将建筑环境中的植物分为远、中、近三个层次。把握好三个层次之间的关系可以很好地烘托环境氛围，体现空间纵深感。要根据不同的层次，运用不同的表现方法。

近景树木常设置在画面的某个角落，通过叶子的形态来生动地反映植物类别，通常用相同的笔触表现不同的叶子形态，如阔叶用圈绕的曲线，针叶用成簇的放射状短直线等。

中景树木是画面植物中需要重点表现的部分，应重点刻画其树冠的明暗关系。刻画时，不仅要考虑树木的固有色，还要考虑整体环境对它的影响所产生的环境色等。

远景树木需要概括抽象处理，可以勾勒其形状后，用平涂方法为其上色，表现出隐约可见的树木轮廓即可。

三、任务流程

(1) 准备绘画工具（白色绘图纸、铅笔、钢笔、针管笔和马克笔等）。

(2) 初学者可先用铅笔起稿，再用钢笔或针管笔勾线，画出植物外形轮廓，运用马克笔的不同笔触、笔法来塑造生动的植物。

四、任务外延

(一)中小型植物马克笔手绘表现的步骤

步骤 1：如图 3-25 所示，钢笔线描起稿，灵活运用线描笔法塑造生动、立体的植物形态。

图 3-25　中小型植物马克笔手绘表现步骤1

步骤 2：如图 3-26 所示，用浅绿色马克笔在植物的暗部铺一层固有色。

图 3-26　中小型植物马克笔手绘表现步骤2

步骤 3：如图 3–27 所示，用表现光源的浅黄色马克笔在植物的受光部添涂颜色，突出、强调植物受光照的效果。

图 3–27　中小型植物马克笔手绘表现步骤3

步骤 4：如图 3–28 所示，深入刻画植物的固有色，添加环境对其影响的效果，添涂环境色，注意强调植物层次。

图 3–28　中小型植物马克笔手绘表现步骤4

（二）大型植物马克笔手绘表现的步骤

步骤 1：如图 3–29 所示，钢笔线描起稿，绘制生动、立体的植物形态。

图 3–29　大型植物马克笔手绘表现步骤1

步骤 2：如图 3–30 所示，先用绿色系马克笔在植物的暗部铺一层固有色，绘制植物枝叶。

图 3–30　大型植物马克笔手绘表现步骤2

步骤 3：如图 3–31 所示，深入刻画植物的枝叶，加强枝叶的质感及层次感。

图 3–31　大型植物马克笔手绘表现步骤3

步骤 4：如图 3–32 所示，深入刻画植物的固有色，强调植物枝叶变化的层次。

图 3–32　大型植物马克笔手绘表现步骤4

任务二　建筑景观马克笔手绘表现

一、任务训练目的

通过马克笔技法绘制建筑景观的演示，了解建筑景观的绘制方法，掌握马克笔技法的特点，灵活使用马克笔技法表现建筑景观效果图。建筑景观马克笔手绘表现如图 3-33 所示。

图 3-33　建筑景观马克笔手绘表现

二、任务内容

（一）用马克笔绘制建筑景观时的笔触运用

（1）用马克笔绘制建筑景观要针对建筑形体结构块面的转折关系重点刻画，同时对于配景植物的表现要考虑马克笔的笔触走向、运笔方式的变化。

（2）马克笔笔触在运用过程中，应该注意其点、线、面的安排。对于建筑的刻画，表现力要强，应采用马克笔硬朗的线条特征；对于植物的刻画应采用其笔触的长、短、宽、窄组合搭配，不要单一，应有流畅的线条变化，否则画面会显得呆板。

（二）用马克笔绘制建筑景观效果图时上色的注意事项

（1）马克笔绘制建筑景观的步骤与水彩绘制的步骤相似，上色由浅入深，先刻画画面主体的暗部，然后逐步调整暗、亮两部分的色彩效果。

（2）马克笔上色以爽快干净为好，不要反复地涂抹，一般上色不可超过四层色彩，若层次较多，色彩会发乌，失去马克笔颜色应有的神采。

三、任务流程

（1）准备绘画工具（白色绘图纸、铅笔、钢笔、针管笔、马克笔等）。

（2）初学者可先用铅笔起稿，再用钢笔或针管笔勾线，画出绘制建筑景观外形轮廓，运用马克笔的不同笔触、笔法来塑造生动的建筑景观效果图。

四、任务外延

(一)建筑景观马克笔手绘表现案例一

步骤 1：如图 3-34 所示，钢笔线描起稿，灵活运用线描笔法塑造立体的建筑景观形态。

图 3-34　建筑景观马克笔手绘表现案例一(步骤 1)

步骤 2：如图 3-35 所示，用浅色系马克笔对建筑景观进行浅色铺垫，区分近景和远景的用笔方式，注意刻画近景的细节。

图 3-35　建筑景观马克笔手绘表现案例一(步骤 2)

步骤 3：如图 3–36 所示，用不同方向的排笔和叠笔从浅至深铺色。

图 3–36 建筑景观马克笔手绘表现案例一（步骤 3）

步骤 4：如图 3–37 所示，深入刻画暗部效果，调整色彩关系，增加层次感的表现。

图 3–37 建筑景观马克笔手绘表现案例一（步骤 4）

（二）建筑景观马克笔手绘表现案例二

步骤 1：如图 3-38 所示，钢笔线描起稿，灵活运用线描笔法绘制景观形态。

图 3-38　建筑景观马克笔手绘表现案例二（步骤 1）

步骤 2：如图 3-39 所示，用浅色系马克笔对景观进行浅色铺垫，区分出明暗关系。

图 3-39　建筑景观马克笔手绘表现案例二（步骤 2）

步骤 3：如图 3-40 所示，添加固有色，从浅至深铺色。

图 3-40　建筑景观马克笔手绘表现案例二（步骤 3）

步骤 4：如图 3-41 所示，深入刻画暗部效果，调整色彩关系。

图 3-41　建筑景观马克笔手绘表现案例二（步骤 4）

(三)建筑景观马克笔手绘表现之欣赏与临摹

建筑景观马克笔手绘表现之欣赏与临摹如图 3-42 至图 3-49 所示。

图 3-42　建筑景观马克笔手绘表现 1(起稿和勾线)

图 3-43　建筑景观马克笔手绘表现 1(上色)

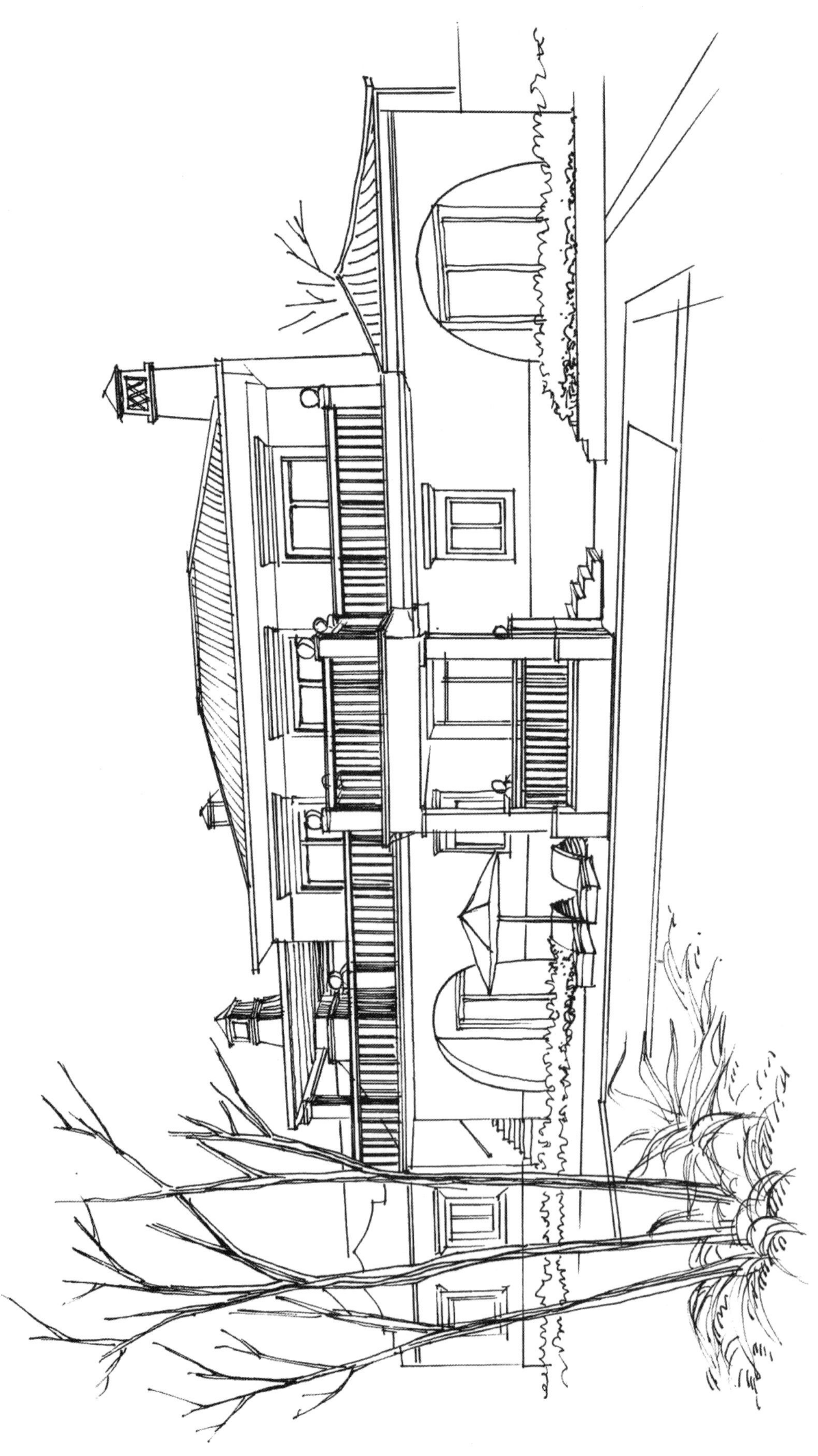

图 3-44　建筑景观马克笔手绘表现 2（起稿和勾线）

图 3-45　建筑景观马克笔手绘表现 2(上色)

图 3-46　建筑景观马克笔手绘表现 3（起稿和勾线）

图 3-47 建筑景观马克笔手绘表现 3(上色)

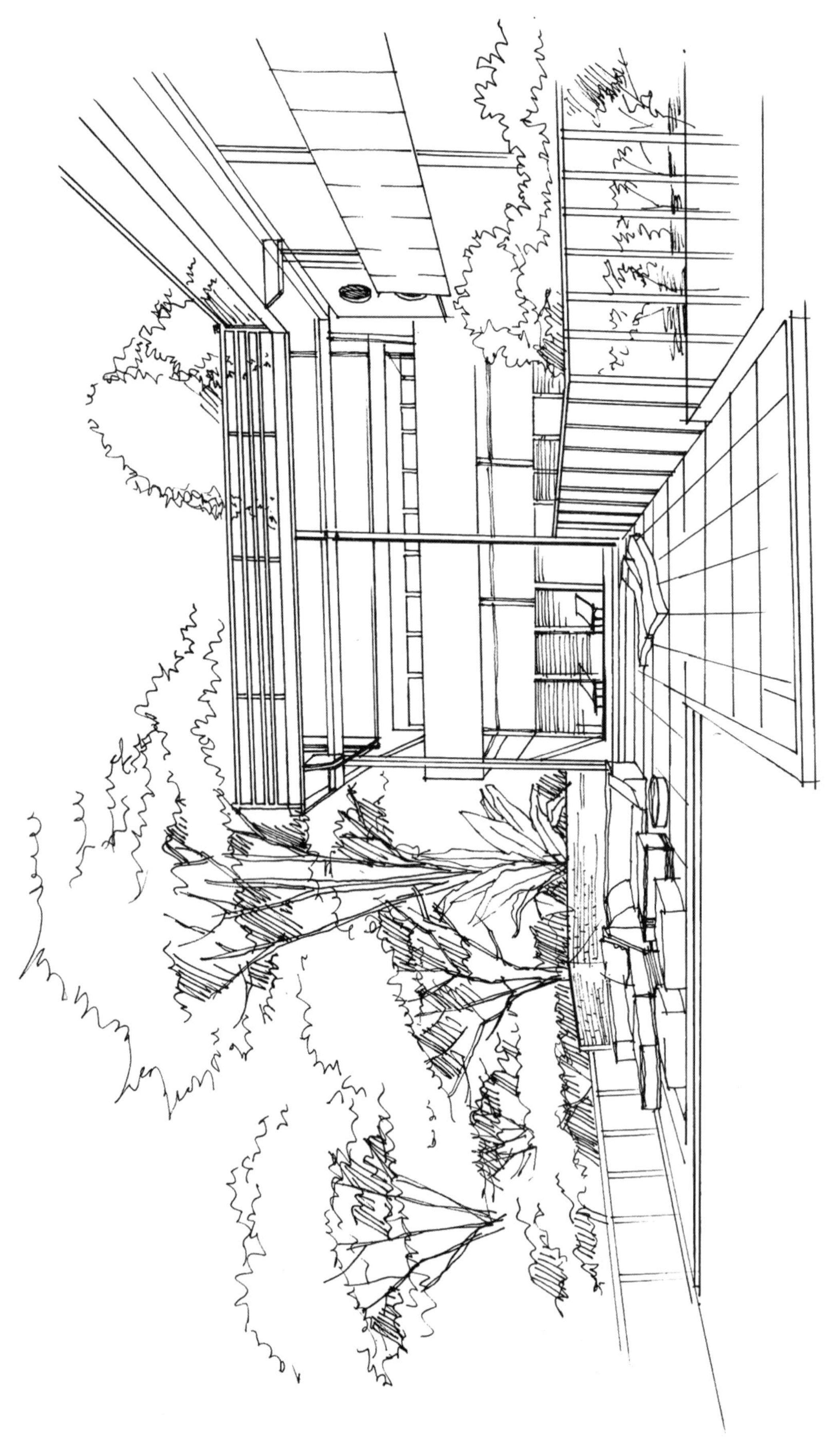

图 3-48　建筑景观马克笔手绘表现 4（起稿和勾线）

图 3-49　建筑景观马克笔手绘表现 4(上色)

第四节 室外手绘效果图快速表现技法实训之综合技法表现

任务一　公共空间综合技法表现

一、任务训练目的

主要通过综合技法演示公共空间效果图，了解公共空间效果图绘制，掌握综合技法的特点，灵活使用综合技法表现公共空间效果图。公共空间手绘效果图的线稿及完成稿如图 3-50、图 3-51 所示。

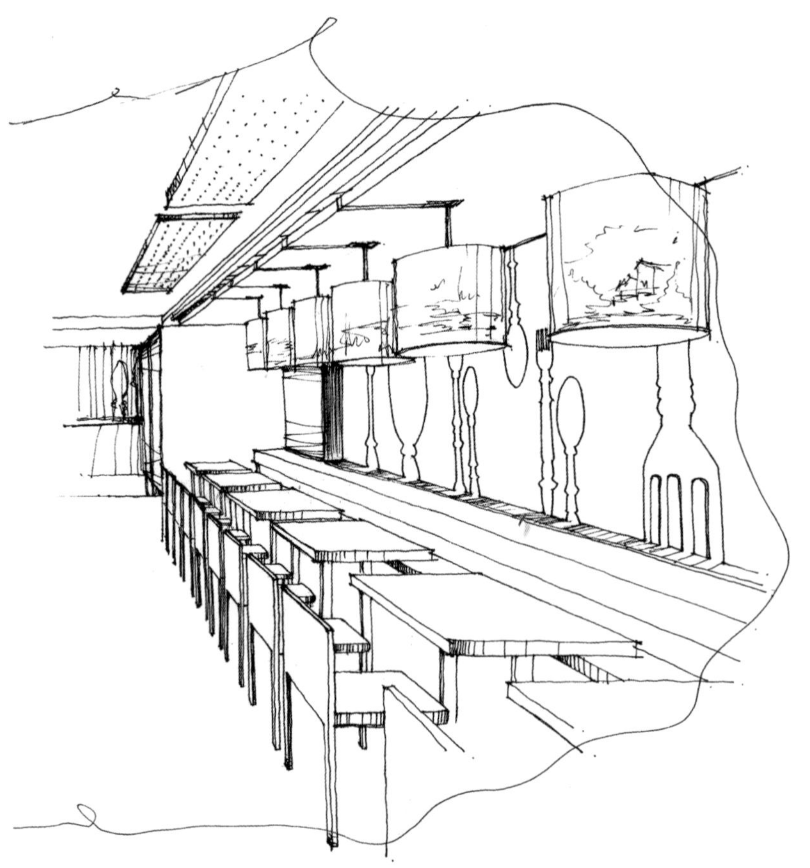

图 3-50　公共空间手绘效果图(线稿)

图 3–51　公共空间手绘效果图(完成稿)

二、任务内容

马克笔和彩色铅笔结合使用绘制公共空间效果。利用不同材料性能的特点和优势，取长补短，多种技法很好地结合在一起达到预期的效果，使画面效果更加丰富、完美。

三、任务流程

(1) 准备绘画工具（白色绘图纸、铅笔、钢笔、针管笔、彩色铅笔、马克笔等)。

(2) 初学者可先用铅笔起稿，再用钢笔或针管笔勾线，画出公共空间外形轮廓，运用彩色铅笔、马克笔的不同笔触、笔法来塑造生动的公共空间画面效果。

四、任务外延

(一)公共空间手绘效果图绘制步骤

步骤 1：如图 3–52 所示，钢笔线描起稿，把握好空间关系，比例要准确。

步骤 2：综合技法着色，如图 3–53 所示，用浅色系马克笔先铺一层主体结构的颜色，辅助彩色铅笔做一层环境色的铺垫，注意区分远景和近景的空间层次，最后完成空间画面。

图 3-52　公共空间手绘效果图绘制步骤 1

图 3-53　公共空间手绘效果图绘制步骤 2

(二)公共空间手绘效果图欣赏与临摹

公共空间手绘效果图欣赏与临摹如图 3-54、图 3-55 所示。

图 3-54　公共空间手绘效果图欣赏与临摹(线稿)

图 3-55　公共空间手绘效果图欣赏与临摹(完成稿)

任务二　景观综合技法表现

一、任务训练目的

主要训练运用综合技法表现景观效果图，了解景观效果图采用综合技法的绘制过程，根据综合技法的特点，突出景观表现的主题，灵活使用综合技法表现景观效果图。手绘景观效果图如图 3–56 所示。

图 3–56　手绘景观效果图

二、任务内容：公共空间景观的表现

（1）运用综合技法着色时要重点烘托环境气氛。

（2）休闲茶座（遮阳伞）、休闲凉亭等是最适合景观气氛表现的配景之一。

（3）广场的绘制要注意表现规则有序的地面铺装。

（4）适量添加一些气球、彩带、飘带等配景形式，可以有效地突出环境气氛。

（5）植物配景表现适当减弱，树木不宜过大，强调序列规则的效果，池栽注意细节的刻画。

三、任务流程

（1）准备绘画工具（白色绘图纸、铅笔、钢笔、针管笔、彩色铅笔、马克笔等）。

（2）初学者可先用铅笔起稿，再用钢笔或针管笔勾线，画出景观整体环境，最后运用彩色铅笔、马克笔的不同笔触、笔法来塑造生动的景观画面效果。

四、任务外延

(一)综合技法之手绘景观效果图案例一

步骤 1：如图 3–57 所示，钢笔线描起稿。

图 3-57　综合技法之手绘景观效果图案例一(步骤 1)

步骤 2：如图 3-58 所示，结合综合技法，运用彩色铅笔和马克笔着色。

图 3-58　综合技法之手绘景观效果图案例一(步骤 2)

(二)综合技法之手绘景观效果图案例二

步骤 1：如图 3-59 所示，钢笔线描起稿。

图 3-59　综合技法之手绘景观效果图案例二(步骤 1)

步骤 2：如图 3-60 所示，用彩色铅笔铺第一遍颜色。

图 3-60　综合技法之手绘景观效果图案例二(步骤 2)

步骤 3：如图 3-61 所示，深入刻画。

图 3-61　综合技法之手绘景观效果图案例二(步骤 3)

步骤 4：如图 3-62 所示，用马克笔上色，最后整体调整画面的色彩关系。

图 3-62　综合技法之手绘景观效果图案例二(步骤 4)

(三)手绘景观效果图欣赏与临摹

手绘景观效果图欣赏与临摹如图 3-63、图 3-64 所示。

图 3-63 手绘景观效果图欣赏与临摹(线图)

图 3-64 手绘景观效果图欣赏与临摹(完成稿)

第四章

手绘效果图快速表现实例赏析

SHOUHUI XIAOGUOTU KUAISU BIAOXIAN SHILI SHANGXI

手绘效果图快速表现实例赏析如图 4–1 至图 4–4 所示。

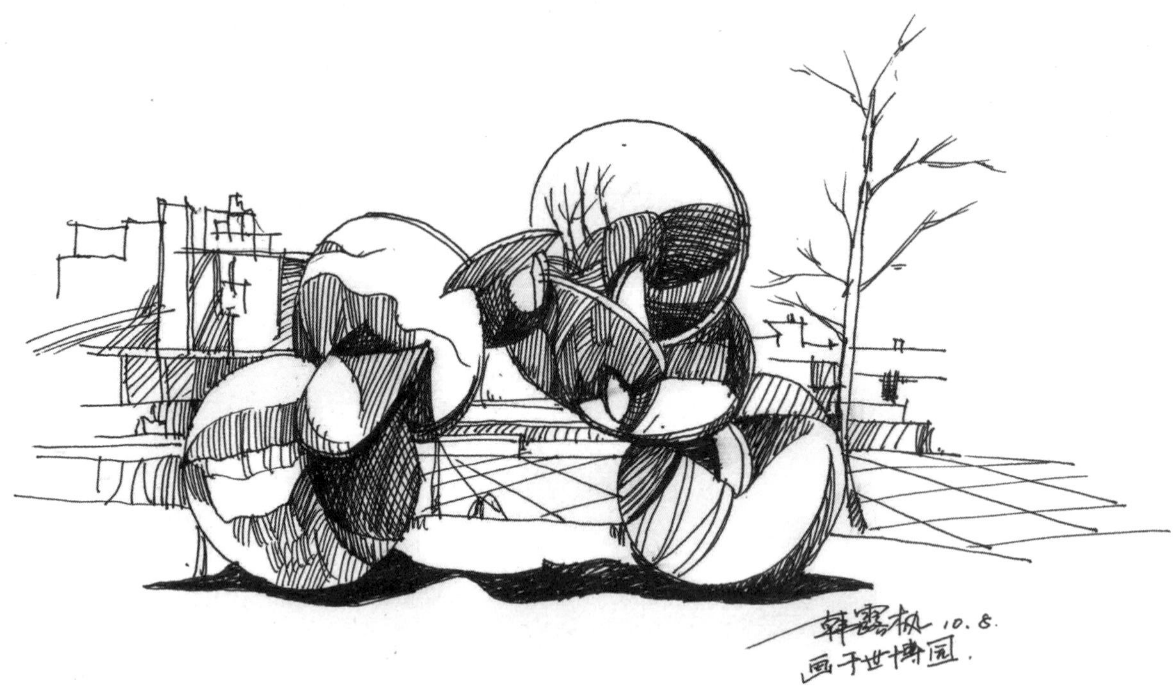

图 4–1　手绘效果图快速表现实例 1

图 4–2　手绘效果图快速表现实例 2

图 4–3　手绘效果图快速表现实例 3

图 4–4　手绘效果图快速表现实例 4

学生的手绘效果图快速表现实例赏析如图 4–5 至图 4–15 所示。

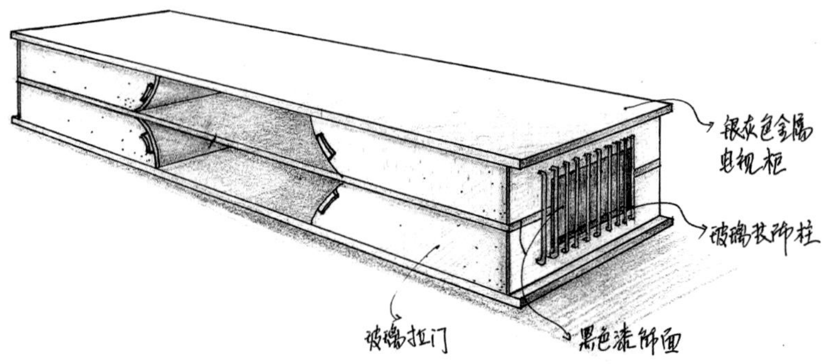

图 4–5 优秀学生作品 1

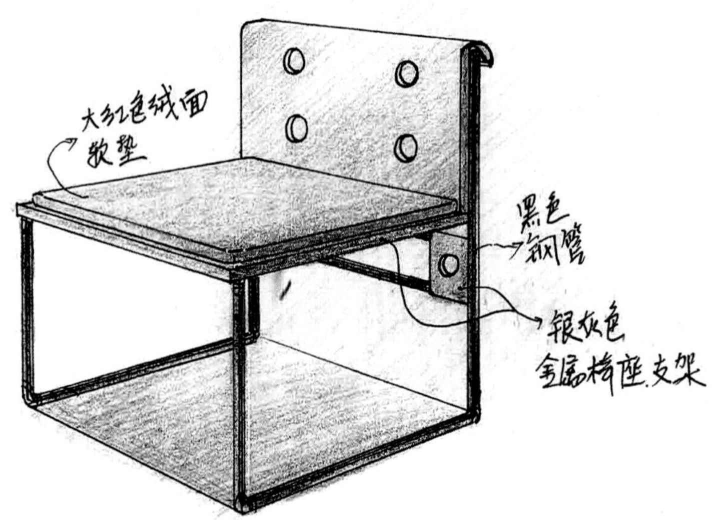

图 4–6 优秀学生作品 2

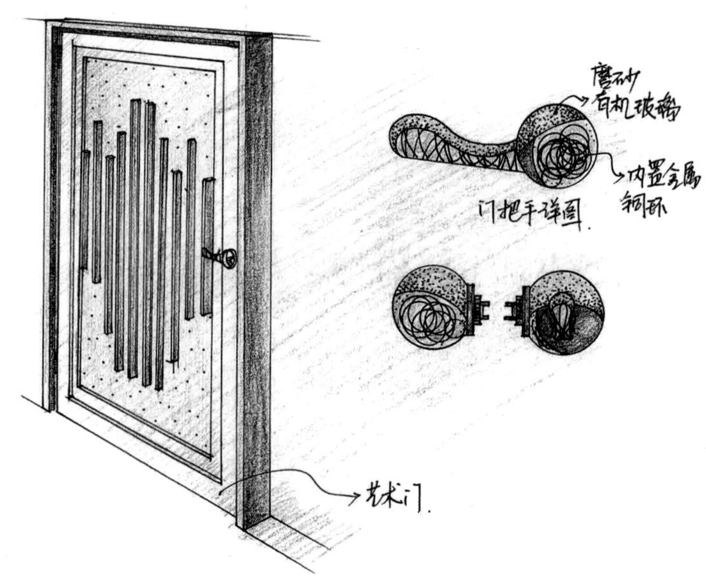

图 4–7 优秀学生作品 3

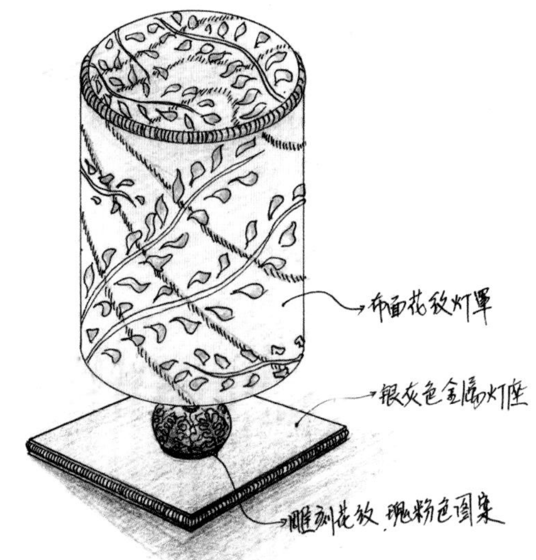

图 4-8　优秀学生作品 4

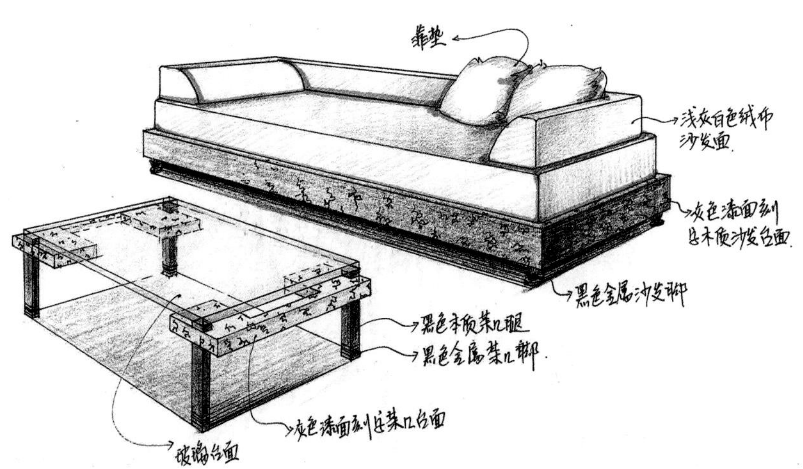

图 4-9　优秀学生作品 5

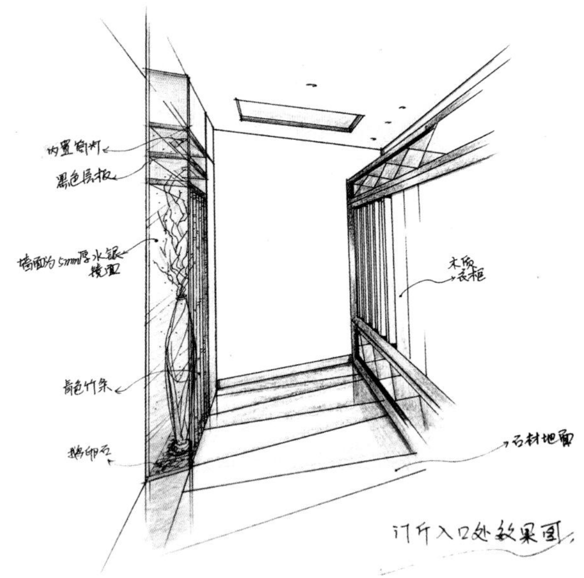

图 4-10　优秀学生作品 6

图 4-11　优秀学生作品 7

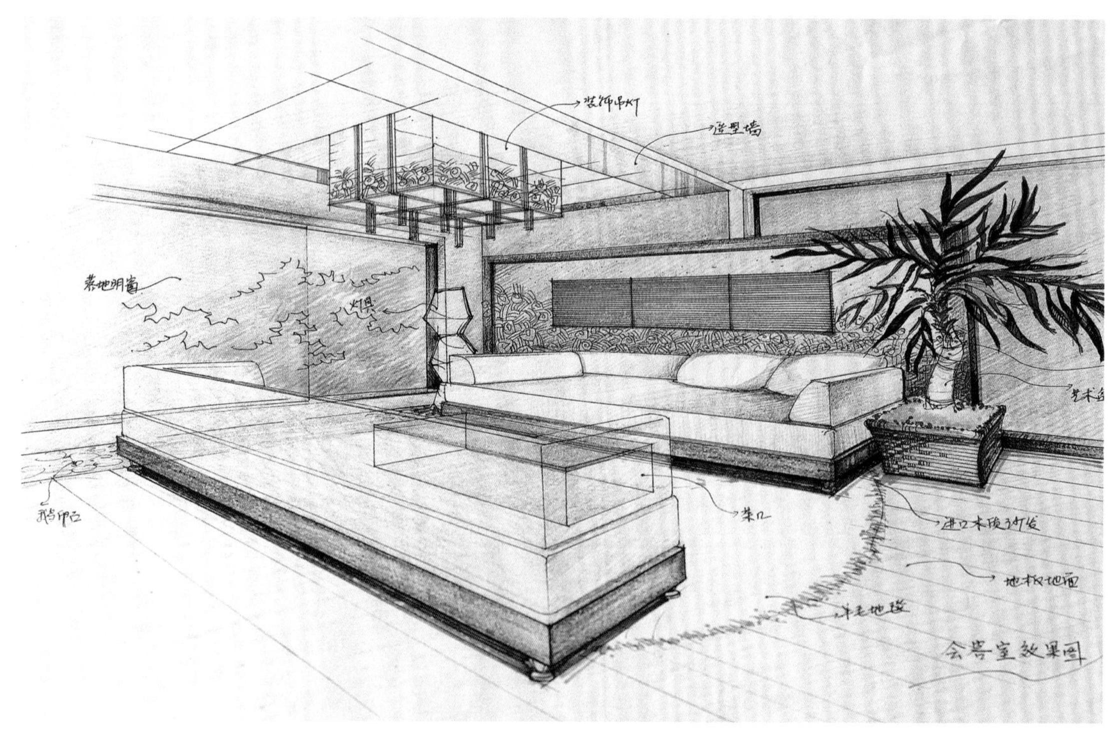

图 4-12　优秀学生作品 8

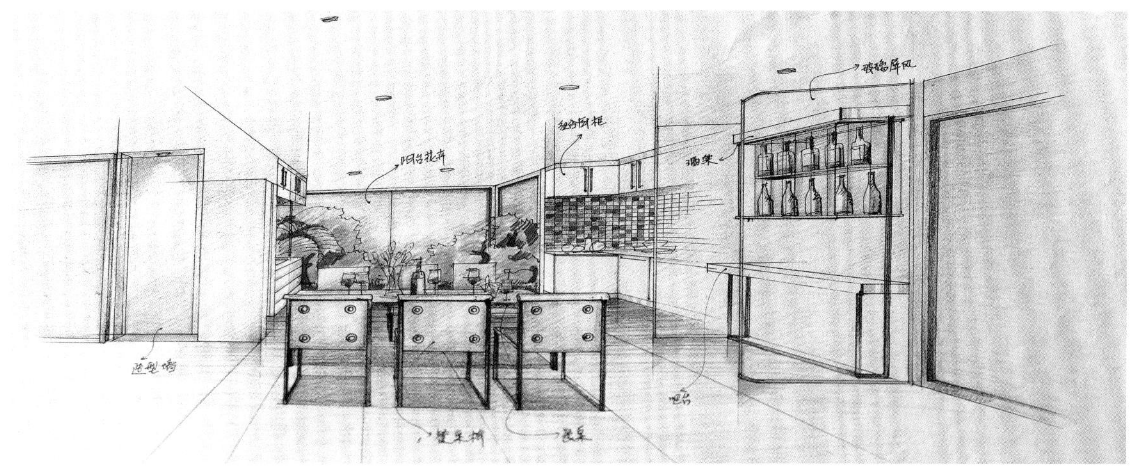

图 4–13　优秀学生作品 9

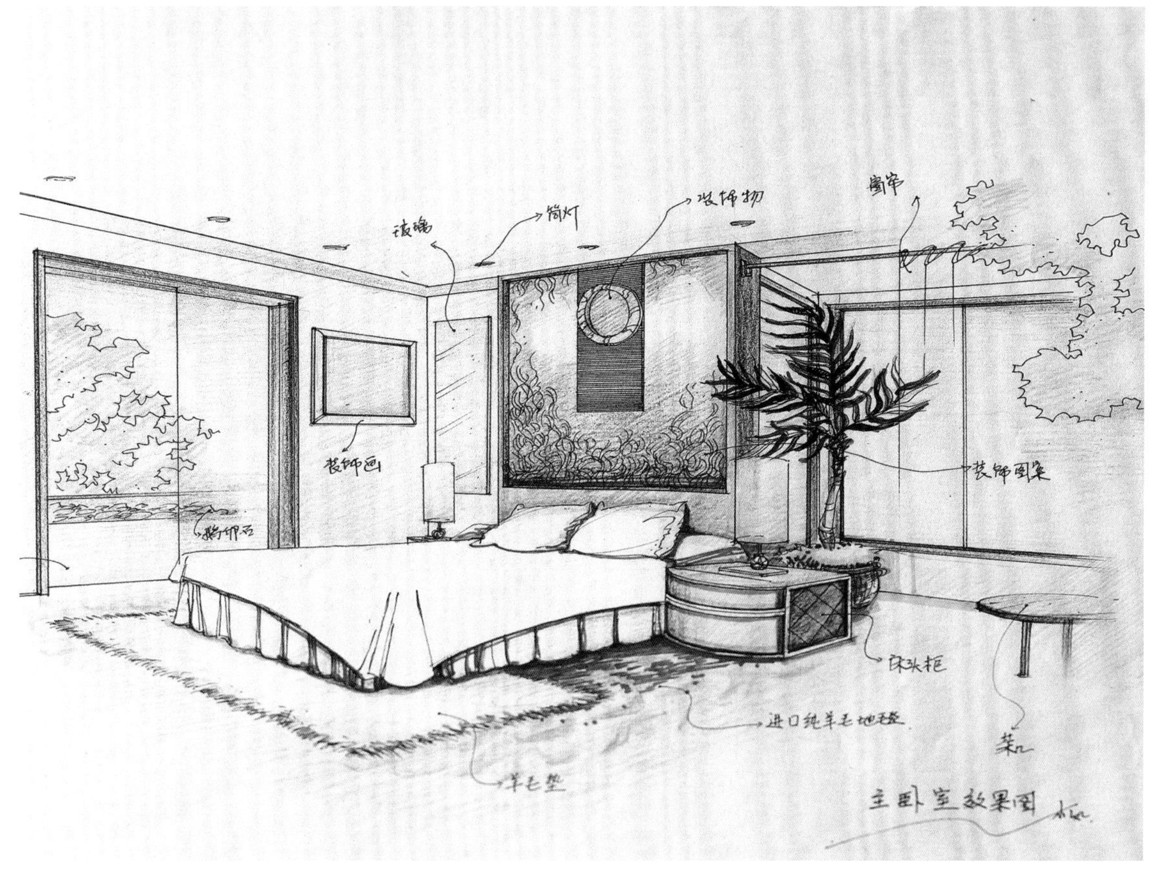

图 4–14　优秀学生作品 10

图 4–15 优秀学生作品 11

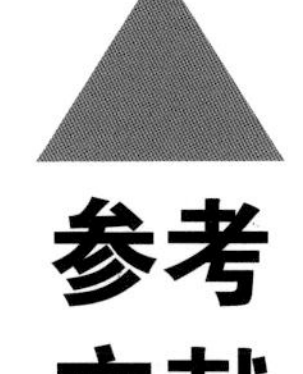

参考文献

[1] 胡林辉. 环境设计手绘表达[M]. 北京：中国水利水电出版社，2012.

[2] 陈帅佐. 环艺手绘表现图技法[M]. 北京：中国水利水电出版社，2012.

[3] 文健，尚龙勇. 建筑效果图手绘表现技法教程[M].北京：清华大学出版社，2011.

[4] 洪惠群，张晶，杨安. 马克笔表现技法速成指导(室外篇)[M].北京：中国建筑工业出版社，2010.